U0339538

会 讲 故 事 的 童 书

神秘的深海动物

当心我厉害的样子

〔澳〕蒂姆·弗兰纳里（Tim Flannery）一著

〔英〕山姆·考德威尔（Sam Caldwell）一绘

鲁军虎一译

光明日报出版社

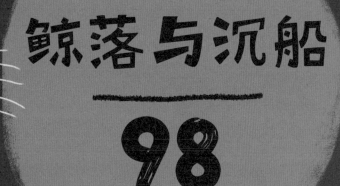

引 言

我一直很喜欢大海。我以前经常用水肺（自给式水下呼吸器）潜水，最深潜过30米。那是在我16岁的时候，我和朋友潜入了菲利普港湾的一个航运通道。我依然记得那无边无际的黑暗。我当时什么都看不见，往下也不知道到底哪里是海底，只有一层厚厚的越陷越深的黑色软泥。我甚至不确定哪儿是向上的，所以我把呼吸管拿出来吹了一些气泡。气泡就斜着漂走了！我一直以为自己是站着的，原来是侧躺着的！

到恐惧。这里的条件非常恶劣，假如你冒险来到这个神秘的地方，你就会对其有所认识。首先，你会在一片漆黑中完全迷失，身体四周都是无尽的黑暗。其次，你会感觉到水的冰冷，你将淹没在接近冰点的海水中，浑身起鸡皮疙瘩！最后，你开始感到很不舒服：持续增长的巨大水压会压扁你的五脏六腑。

海洋深处——比我潜过的要深得多——对人类来说更难应对。然而，在那片海域生活着许多生物，这本书介绍的就是海底世界里的神奇生物。

深不可测的海洋既引人注目，又令人费解；有时美得令人难以置信，有时也令人感

这似乎不是最友好的环境，你可能会想：动物是如何在那里活下来的？答案是：它们为了适应家园而做出了最不寻常的适应性变化——从令人难以置信的视力，到独具创意的捕猎手段，乃至独特的进食方式，每一种

适应性变化都让人眼前一亮。有些生物身体会闪烁发光，或者会有一根"鱼竿"从它们的脑袋里伸出来，或者肚子还能鼓得又大又圆，或者长着一双和你的脑袋一样大的眼睛。你可能很难相信这本书里的一些生物到底是否真的存在。但我向你保证，绝对是真的，如假包换！

深海是地球上面积最大的生物栖息地。但是，这里仍然藏着很多谜团，我们真的不太了解海底世界。很少有人到过海底最深处，我们应该更多地了解这个迷人的地方，这也是我希望这本书能帮到你的地方。例如，你知道一些行星的名字吗？你知道一些星座的名字吗？现在，试着说出海洋中一个最深的地方的名字，看看你会怎么回答。在海洋深处，有很多值得探索的事物，而我们却只知道其皮毛！

这有几个原因。首先，到达海底世界真的很难。对我们大多数人来说，通气管最深只能在水下10米左右有用，而自由潜水员（不带潜水设备的人）可以潜到海平面100米以下的深度。非常特殊的水肺设备可以帮助我们下潜到几百米深。不过，一旦到达那个深度，周围巨大的压力会让人无法生存。潜艇可以潜得更深更远，但仍不足以看到所有深海生物。其次，深海勘探设备非常昂贵，

所以不是每个人都能用得起。

此外，在海底感受到的巨大压力是你从未经历过的。我们知道地球被一层厚厚的大气包裹着，虽然你感觉不到，但我们的确承受着来自大气层的压力。在海洋深处，压力会更大。在水中每下潜10米，压力就会增加一个地表大气压。因此，地球的整个大气层所施加的压力，才仅仅相当于海平面下10米深的压力！在海的最深处，11千米深的地方，你感受到的压力相当于一只重达6803千克的非洲公象站在你的大脚趾上！

哎哟，好痛呀！

所有动植物的身体都是由叫作分子的微小成分组成的。在压力下，分子有被压碎的危险。因此人类探索深海时，需要特殊的水下船只来保护自己。但深海生物有抵御这种压力的本领。它们有一种特殊的分子，可以保护自身在深海不会被压碎。我们知道深海生物闻起来有鱼腥味，而且非常浓！这是因为这种分子会给深海动物带来鱼腥味。即使是生活在海底的最微小的生物——那些你只能在显微镜下看到的生物，也是这样保护自己的。但在一定深度以下，这种分子保护不了鱼类。这就是为什么在9000米以下没有鱼或其他脊椎动物（有脊椎的生物）的原因。有的生物，比如特殊的甲壳类动物和海参，也各显神通，成功克服深海的巨压。

深海动物的一生都在努力寻找食物，躲避捕食者，寻找配偶。但是，它们并不需要太多的食物。生活在水下1千米或更深处的鱼类，它们所需要的能量仅为浅海鱼类的百分之一。由于严寒，这些鱼类体内的所有活动都慢了下来，对我们这些更为活跃的生物来说，它们似乎处于半死不活的状态。这也意味着深海里的一些动物可以活很长时间。在这本书中，你会遇到地球上最长寿的动物之一——深海珊瑚（第96页）。

深海似乎很遥远，不受我们在海面上的生活方式的影响。事实上，气候变化即将波及海洋最深处，因为科学家已经观测到深海水温上升了。

洋流在向海洋深处输送氧气方面起着非常重要的作用。随着气候的变化，洋流可能会受到影响。

如今深海面临的最大污染问题之一，就是垃圾，甚至在海洋最深处也发现了塑料垃圾，那里的一些生物一直在吃塑料。目前我们还不知道这对它们有什么影响，但下次你在街上或海滩上看到塑料垃圾时，想一想这本书里所说的。倘若把塑料扔进垃圾桶，那你可是帮了深海生物一个大忙。

如果你对深海感兴趣，你可以访问一些水族馆和研究机构的官方网站，以及它们发布的视频素材，可以让你对深海生物有形象的了解。此外，如果你在海滩上游玩时，注意一下那些被冲上岸的东西。你若觉得有趣，就去当地的博物馆问个究竟！科学家往往也是用多搜索、多观察的方法，发现了越来越多的神奇生物。

祝大家深海探险之旅开心愉快！

在我很小的时候，常常希望自己有一本书，能学到关于深海的一切奥秘 因此我在这里努力为大家创作！希望在我们的一生中，科学家们能揭示更多深海的秘密，让我们了解更多神奇的生物 正是它们让我们的星球变得独一无二 也许某种新的深海动物就源自你的发现！

——蒂姆·弗兰纳里

关于学名的说明

不是每一种生物都有通用的俗名，但每一种科学分类的生物都有一个学名。学名可以帮助科学家密切关注地球上每一种新生物的动态，也有助于他们了解新生物与其他生物的关系。学名由一个属名和一个种名组成。例如，深海鱼神女底鼬鳚（yòuwèi）的学名是 *Abyssobrotula galatheae*，*Abyssobrotula* 是属名，*galatheae* 是种名。科学家们习惯用斜体字来书写生物的学名。有时这些名字会很长，让人困惑！为了简化这些长名字的书写，科学家们经常把属名缩短到第一个字母，例如 *A. galatheae*。

海洋区域划分

地球表面的 70% 以上由水覆盖，而 95% 以上的水，都在我们的咸水海洋中。这么大的水域非常适合许多不同的迷人生物居住！横跨地球的是一片巨大的海洋，人类将全球海洋划分为四大水域，每一大片水域都有自己的地理边界和名称，这四个名字分别是：大西洋、太平洋、印度洋、北冰洋。地球上还有 50 多片海。海比洋小，而且都与陆地接壤。你可能听说过一些海，包括地中海、加勒比海和塔斯曼海等。

你在地球上移动时，地球表面的水不仅从东到西变化，也在从上到下变化。海洋的平均深度是 3700 多米，但在世界上的某些地方，海洋的深度能达到 11000 米！海洋的顶端和底部是完全不同的地方。你潜得越深，周围就会变得越黑、越冷，压力也就越大。科学家把海洋分为 5 个地带，每个地带都形成了独特的海洋生物栖息地。

透光带

　　透光带是海洋中海藻繁茂生长的地带，常见的鱼类和其他海洋生物在这里大量存在。这个地带是我们最容易参观和学习的地方，也是我们最了解的地方。这里的海水可以是湿热温暖的，也可以是极度寒冷的。无论什么情况，至少在白天，总有一样东西一直存在着，那就是阳光。平均而言，透光带仅向下延伸 200 米。接下来，这本书将带领我们深入探索更神秘的海洋区域——就是在海洋深处那些很难到达的区域，我们称之为深海。

暮光带

　　90% 的海水位于海平面 200 米以下。暮光带从 200 米延伸到 1000 米深，只有不到 1% 的阳光能照到这里。尽管阳光很少，但这里仍然有很多光。这是因为许多生活在暮光带的生物都会自己发光。

午夜带

　　暮光带的下面是午夜带，从1000米延伸到4000米深。那里的水很冷——只有4℃——阳光照射不到那里，所以植物无法生长。午夜带的所有栖居者，要么是食腐动物（它们吃已经死了的生物），要么是掠食者（食肉动物）。即使是现代军用潜艇，也不能进入午夜带——因为水压太大了。

热液喷口

　　你也许把地球想象成了你脚下一块巨大的固体岩石，静止不动，一成不变。但事实上，地球主要由4层组成，每一层包含不同的矿物质。有些甚至在移动！最中间是致密的地核，其次是外核，然后是地幔——主要由熔融岩石构成——最后是顶部的薄地壳。地幔非常热，最深处的温度约为4000℃。不仅陆地有地壳，在海洋深处也有地壳。在海洋底部的正中央（大洋中脊），海洋地壳正在被撕裂，新的地壳正在形成。这是最令人惊叹的栖息地之一。在这里，来自地幔的热岩石接近海底，富含矿物质的过热海水从岩石裂缝中溢出，流入海洋。这种地质结构叫作热液喷口，被完全不依赖太阳能量的生物利用。这些喷口供养着许多不同寻常的生命——喷口周围的生物数量是周边海底生物数量的1万~10万倍。长2米的蠕虫、巨大的虾，还有直径像我们前臂那么长的蛤蜊等主宰着这些生态系统。

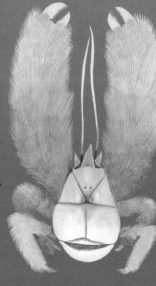

深渊带

深渊带就位于午夜带下面，从4000米延伸到6000米深，它的英文名字源于abyssos，在古希腊语中意思是"无底的"。但这里并不是海底处，因为深海海沟更深。深渊带面积占海洋面积的80%以上，覆盖了地球表面积的60%，水温略高于0℃。

鲸落与沉船

鲸落和沉船构成了海洋深处另一种独特的栖息地。鲸鱼死后沉入深海形成的生态系统叫作鲸落。鲸落可以养活整个生态系统几十年。事实上，有些生物只在鲸鱼尸体上被发现过，也有的是在尸体周围被发现的。船只也会沉没，据估计，在1971—1990年，海上每两天就有一艘船失踪。像鲸鱼一样，沉船也可以供养深渊带的生物。但是，靠沉船为生的生物与依靠沉入深海的死鲸的生物种类是完全不同的。

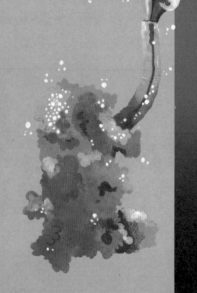

海沟（超深渊带）

海洋最深处是海沟，海沟是海底长长的沟壑，在所有海洋中都存在。最深的海沟是马里亚纳海沟。马里亚纳海沟最深的部分位于海面以下约11034米。海沟里水压约是海面水压的1000倍，温度接近冰点，一片漆黑。很少有生物生活在这里——因为这里的生活太不容易了。

深海里没有生命吗?

2000多年前,一位名叫普林尼的古罗马哲学家想知道深海中是否有生命。事实上,古人大都认为深海里没有生命。但在1872年,科学家扬帆前往海洋的最深处探索,发现了4000多种新物种!他们在4年多的时间里,航行了近7万海里,甚至意外发现了挑战者深渊——当时发现的海洋最深处。

科学家几乎从未见过深海生物

我们很少有人去过海底。因此,几乎没有人亲眼见过那些海底奇观。我们对深海生物的所有了解,几乎都来自安装在潜艇机器人上的摄像机,或者来自挖泥船(清挖海底的铲子)和渔网带来的生物尸体或濒临死亡的生物,这些也为科学家提供了研究素材。

探险家档案

你会是这个世界的下一个深海探险家吗?

第一次深海探险

第一个造访深海的人是威廉·毕比。在20世纪20年代末,威廉·毕比让人建造了一个钢瓮,称为"深海潜水器"。这个球形潜水器只有1.4米宽,两个人只能通过身后的狭窄舱门挤进这个狭小空间。然后,用一根缆绳把球形潜水器吊到海里。第一次深海探险一定很可怕!但威廉·毕比并没有退缩。1930—1934年,毕比和他的团队多次借助球形潜水器进入深海,并深入到百慕大附近的楠萨奇岛的深海,在这里他们下潜的最深处有923米。

格洛丽亚·霍利斯特
第一位女性深海探险家

1930年6月11日,威廉·毕比的一名助手、技术主任格洛丽亚·霍利斯特乘坐球形潜水器下潜125米。那天刚好是格洛丽亚30岁生日。她创造了女子潜水纪录,还研发了一种探索深海鱼的方法——隐去鱼类的皮肤和肌肉,只露出骨骼供科学家研究。

维克托·韦斯科沃
深海冒险家

深海探险家维克托·韦斯科沃保持着人类潜水最深的纪录 维克托·韦斯科沃成功到达了马里亚纳海沟水下 10934 米！但发现的结果远远出乎他的意料 在地球上最偏远的地方休息时，他偶然遇到了一块看起来像塑料的东西——现在我们知道了数百万吨塑料垃圾的最终去处 这个不幸的发现虽然令他伤心，但并未扫他的兴，毕竟来到海底最深处史无前例 他度过了一生中最快乐、最平静的时刻 他靠在椅背上，从观景门望出去，一边享受着三明治，一边漂浮在地球最深处的上方

深海奥秘知多少

只有不到四分之一的深海绘制了地图，这里的大多数生物仍然是未知的。科学家查看了在太平洋群岛附近深海中的视频，视频共拍摄了 900 小时，涵盖大大小小共 34.7 万个深海生物。但其中可以识别的生物还不到五分之一！

詹姆斯·卡梅伦与
深海挑战者号潜水器

探索深海的不仅仅是科学家 任何有激情、有冒险意识、有足够资金的人都可以下海探险——比如电影导演！2012 年 3 月 26 日，加拿大电影导演詹姆斯·卡梅伦驾驶一艘 7.3 米长的潜水器，到达了地球上最深的地方——马里亚纳海沟 这艘潜水器名为"深海挑战者"号，是在澳大利亚悉尼建造的，由非常特殊的材料制成，能够承受深海的巨大压力 潜水器上携带了科学采样设备和相机，从海面到水下 35756 英尺（约 10898.43 米），足足花了 2 小时 36 分钟

暮光带

海洋似乎辽阔无际，没有形状，就像一个个凿得很深的大水坑一样，但实际上并非如此！就像在陆地上一样，海洋充满了许多不同的环境。这里有水下山脉、温暖的近地浅滩、巨大的海沟和深邃黑暗的海域。地球上不同区域的海洋各有特点，而且同一海域从上到下、由浅入深，也都各具特色。无论是在世界的某个地方，还是在海洋的某个区域，海洋生物通常都只适合生活在某一个特定的环境。

你坐过邮轮吗，或者坐过渡船或小船出过海吗？我乘坐过许多邮轮和船只，航行过世界各地的海洋。如果天气好，海水是清澈透明的，阳光一直照射下来，你就能看到水下山脊、峡谷和山脉等令人难以置信的壮美景观。如果你真的要乘船旅行，请尽量发挥想象力，想象一下你脚下几千米深的地方有什么、你的船从海底看会是什么样子！

暮光带是深海的第一个区域，有200～1000米深。有些地方会变冷，水温从4～20℃不等。这里有阳光，但只有表面阳光的一小部分——不到1%。

生活在暮光带的动物，通常长着非常大的眼睛，来弥补光线不足。在这里，你会发现眼睛有餐盘那么大的生物，还有比蓝鲸还长的动物。你还会发现最不寻常的鲨鱼——有着巨大的洞穴般的嘴巴、妖精般的鼻子和蛇一样的身体。

在暮光带，生命是丰富多样的。一些科学家估计，生活在暮光带的鱼类比海洋其他地方的鱼类加起来还要多。一种生活在暮光带的鱼——钻光鱼，只有几厘米长。它的数量比其他鱼类、鸟类或哺乳动物都要多。上万亿条钻光鱼生活在暮光带！暮光带的大量生命维持着它下面的区域的生命，而下面区域的物种没有那么丰富。海面附近的动物尸体和排泄物，也就是所谓的海洋雪，一路沉降到海底深处，为海底深处的海洋栖居者提供食物。那么，这些海底栖居者到底是谁呢？

继续往下读，找出答案吧！

多毛海鬼鱼

多丝茎角鮟鱇（ānkāng）

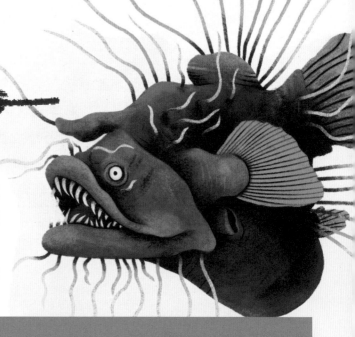

这种鱼俗称多毛海鬼鱼，长相忧郁，像个妖怪，而且游速缓慢，总是拖拉着近乎腐烂的大鳍，有气无力地游来游去。它幽暗的身上长着乱糟糟的长毛，还耷拉个大肚子，像口大锅！这种鱼遍布世界各地的海洋，踪迹可深达海下1250米。

毛发里的猎食绝招！

多毛海鬼鱼是一种鮟鱇鱼。与大多数鮟鱇鱼不同，它没有发光的诱饵来吸引猎物。在它诱饵的末端只有更多的毛发！无论谁靠近，它杂乱的毛发都能察觉到周围水压的微小变化。所以，它就潜伏在黑暗、寒冷的深处，等来一只毫无防范的动物，过一把美味的小餐瘾！

鬼鬼祟祟！

为了活命，依附终身

雄性多毛海鬼鱼一般体长1.6厘米。相比之下，体长14厘米的雌鱼，算是体形巨大无比了。两性看起来很不匹配，俨然两个不同的物种，而且，它们过着两种截然不同的生活。和其他大多数鱼一样，雌性多毛海鬼鱼自由地寻找食物。但是，那些雄性"矬鬼"懒得觅食，所以就一个个都成了"吃软饭"的家伙：一旦发现雌鱼，雄鱼一有机会张嘴就咬，还不轻易松口，咬不上绝不善罢甘休。就这样，雄鱼的脸和雌鱼的皮肤融为一体，两个多毛海鬼鱼最终合而为一，雌雄同体。雄鱼一生都依附在雌鱼身上，靠雌鱼的身体供养，一辈子过着寄生生活。这就是"性寄生"现象。

枕形海鬼鱼

新角鮟鱇

这种鱼的体形像个长长的枕头，而大家习惯叫它"针须海鬼鱼"。它的身体很长，牙齿很细，而且还长在脸上，就像手术钩针缝合的伤口。它的须状牙齿长得超级凌乱，毫无规律，真是滑稽极了！这样的牙齿很难吃东西，就连海洋生物学家至今也不能确定，它到底是怎样把食物吃进嘴里的。雌鱼大约11厘米长，雄鱼则要小得多，而且是依附在雌鱼身上的。这又是一类"性寄生"的动物。

大红水母

鲛（jiāo）水母

大红水母约1米宽，是在美国加利福尼亚海岸首次被发现的。此后，在夏威夷附近的水域也被发现过踪迹。这种水母生活在600~1500米深的海底，是科学家首次通过水下摄像机发现的生物。它接近摄像机时，科学家们就像是看到了一艘巨大的红色"宇宙飞船"即将着陆！

未解之谜

科学家们对这种大红水母知之甚少。它怎么吃？它吃什么？它有天敌吗？它是如何繁殖的？也许以后你就是那个知道答案的人！

我没有触手

与几乎所有其他水母不同的是，这种大红水母没有触手。它是仅有的几种没有触手的水母之一。另外两种没有触手的水母，一种叫伊鲁坎吉水母，有很致命的毒性；另一种叫仙女水母，会倒立在海底！这种大红水母没有触手，而是有几条粗壮的口腕用来捕捉猎物。水母的触手从称为"钟状体"的身体边缘垂下来，而口腕则从钟状体的内部垂下来。口腕是用来把食物送到水母嘴里的。奇怪的是，这种大红水母会有4~7条口腕！

哇！

深海龙鱼

鞭须裸巨口鱼

许多种深海龙鱼都潜伏在暮光带。它是一种又小又可怕的掠食者，它的身体不长，不到 20 厘米，但牙齿很大，看起来确实很可怕。深海龙鱼主要分布在大西洋北部和西部，以及墨西哥湾。人们可以在 1500 米的深处找到它的踪迹。

小灯泡
会跳舞

发光器官

深海龙鱼的下巴上挂着一根很长的"绳子"，绳子的末端是一个蓝紫色的小灯泡。这根绳子称为"鱼须"。鱼须可以长达 1.8 米，很惊人，而且末端在一种特殊的发光器官作用下闪闪发光。深海龙鱼可以舞动这个小灯泡！小灯泡向前或向后挥动，还能断断续续地闪光，就像精彩的舞台秀，但其真实目的很可怕，那就是引诱猎物。它闪烁的灯泡到处漂动，离它的嘴巴很远，科学家不确定它是如何引诱猎物尽可能靠近自己嘴边的。另外，深海龙鱼身上也闪光。

哇！看看多酷炫的舞蹈哦！

藏匿的晚餐

深海龙鱼的猎物经常自己发光，即使被吃掉了也能继续发光！因此，深海龙鱼的胃就非常暗，以确保在吞下一顿"烛光晚餐"后不会暴露自己。深海龙鱼必须远远地躲开捕食者，否则自己就会成为晚餐！

透明的牙齿

科学家们用高倍显微镜研究了一种深海龙鱼的牙齿，发现这些牙齿是由非常微小的晶体组成的。这些晶体以某种独特的方式排列，使牙齿变得透明，而且还非常坚固。科学家们还发现，深海龙鱼的牙齿比比拉鱼和大白鲨的牙齿都要坚硬得多！科学家们认为，正是因为这些牙齿是透明的，才让这种可怕的猎食者在深海中隐藏得更深。

银鲛（兔子鱼）*
大西洋银鲛

银鲛俗称兔子鱼，它不是宠物，而是一种软骨鱼——一群与鲨鱼和鳐鱼有关的动物。它有两只大眼睛，鼻子像兔子的一样，长长的尾巴是鞭状的，体长可达 1.5 米。科学家发现，兔子鱼经常生活在大西洋东部 400～1600 米的深海，用两个巨大的侧鳍在海底滑行。兔子鱼喜欢待在海底附近，寻找、捕食无脊椎动物。与大多数其他鱼类不同，兔子鱼没有牙齿，而长着 3 排齿板，用来压坏、磨碎猎物的坚硬组织。

有毒的脊椎骨！

兔子鱼的背鳍上伸出了一根非常大的脊椎骨。这个脊椎有一点毒性，捕食者如果胆敢靠近它，就会吃不了兜着走。

想象一下，你的兔子长了一条这样的尾巴，而不是可爱的毛球！

*银鲛科有 2 个属：银鲛属和兔银鲛属（见第 109 页）。

19

线鳗（mán）

线鳗也叫线口鳗，因为它纤细得几乎像绳子一样，吻部又细又长，看起来像鸟的窄喙。线鳗的下颚末端向后弯曲，即使嘴是闭着的，也不会和上颚接触。线鳗生活在世界各地的海洋中，喜欢栖息在 400～1000 米深的水域。科学家也曾在深达 4000 米的水域发现过线鳗。

光滑的线鳗体长可达 1.3 米，但体重非常轻。

最多的椎骨

线鳗是地球上椎骨最多的动物——超过 740 块！椎骨是组成脊柱的小骨头。成年人只有 26 块椎骨。

专门挂住触角的牙！

动物的牙齿形状各异，因为不同的动物吃不同的食物。线鳗的下颚布满了许多倒生的小牙齿。这些牙齿上布满了钩，有助于它牢牢抓住猎物。线鳗最喜欢的食物是深海的小虾。当一只小虾游过时，它的触角就可能会被线鳗的牙齿挂住。所以聪明的线鳗慢慢游着的时候总会张开嘴巴，希望能捞到一顿美味的大餐！

我的假牙跑哪儿去了？

雄性线鳗变老时，牙齿会掉光，下巴也会缩短。而雌性不会，所以科学家一度认为它们是两个不同的物种。一般情况下，年老的雄性会掉牙、下颌变小，是因为它们在交配时耗尽了所有的精力。

一生只有一次交配

在交配的时候，每条线鳗都会把卵或精子释放到水中。这种生殖方式称为"排放型"。卵子和精子必须在大海中找到彼此，但并不是所有的卵子和精子都能找到可以结合的伴侣——这种方法不像人类繁殖的内部受精那样可靠！一旦线鳗的卵子与精子成功结合，就会漂浮在海面上，直到幼鳗孵化。刚孵出的小幼鳗看起来就像刚出芽的小嫩叶！线鳗在所有这些繁殖过程中付出了巨大的代价。科学家认为，线鳗一生只能进行一次交配，交配完就会累死。

屁股挨着喉咙了

线鳗的屁股长的位置实在匪夷所思，就在它的喉咙附近！它的肠子实际上是沿着身体向下伸展，然后峰回路转，再次向上弯回臀部。我很庆幸自己不是线鳗……不敢想象，排出便便的地方居然离嘴这么近！

讨厌！

鞭尾鱼

鞭尾鱼看起来有点像一束戴着望远镜的意大利面！它面条一样的身体有 28 厘米长，尾鳍非常长，是它体长的 3 倍长，大约长 90 厘米。鞭尾鱼生活在大西洋和东太平洋 800 米以下的热带和亚热带海域。鞭尾鱼在夜间迁移到暮光带的表面，以一种桡足类的小甲壳动物为食。

别把我吸进去！

探险家 档案

地球上最伟大的迁徙

各种各样的生物，包括鞭尾鱼，每天都从暮光带向海面游来。这种迁移最早是在第二次世界大战期间被发现的，当时美国海军使用声呐寻找敌方潜艇。他们到了大约 500 米深的地方，看见大量生物在晚上慢慢上升到水面。他们以为这是上升的海底，其实这根本不是海底，而是暮光带的数十亿生物！这些生物——从浮游生物到鱼类、水母和乌贼——在夜晚洄游到海面，那时它们可以安全地找到食物。与此同时，通常在海面上的鲸、金枪鱼、鲨鱼和剑鱼会潜入暮光带深处寻找食物。

每当等待猎物时，鞭尾鱼在水中把头高高伸起，就像一条悬挂着的致命的蛇。由于头朝上，它的眼睛可以看得很高，有利于寻找食物。一旦它找到了要找的猎物，它的嘴就会非常迅速地膨胀到原来的 38 倍！随着嘴的扩张，水迅速地流入。这些可怜的小甲壳动物离水流很近，很轻易地就随着水流被卷进鞭尾鱼肚子里面了！

你到底是个啥?

1791 年,乔治·肖发现了鞭尾鱼。乔治是一位英国生物学家,他认为这种鱼很奇怪,几乎把它误认为是一种两栖动物!两栖动物是像青蛙和蝾螈这样的生物。100 多年来,只有乔治发现的鞭尾鱼是唯一可供科学家研究的对象,直到 1908 年有人发现了另一条鞭尾鱼。

双目"望远镜"

鞭尾鱼长着一双圆柱形眼睛,敏感度极高,能在黑暗的环境中看清各种颜色,对蓝光和绿光尤其敏感。一般来讲,许多鱼会自己发出蓝光或绿光来寻找猎物或吸引配偶。据此推测,鞭尾鱼很可能用敏锐的眼睛来发现猎物或天敌。

水滴鱼

软隐棘杜父鱼

水滴鱼曾被称为"世界上最丑的动物",肯定不会赢得选美比赛。它的头很宽,直径可达 38 厘米,又圆又胖。水滴鱼有 30 种,第一个种类发现于 150 多年前。水滴鱼曾在澳大利亚南部 600~1200 米深的水域被发现过。它是机会主义猎食者,在海底附近浮游时,只要遇到小生物,就不会放过。

生活在强大的压力下

在水面上,水滴鱼看起来像是不规则的果冻。但在自然栖息地,水滴鱼的身体并不像你想象的一团软乎乎的凝胶。水下面的压力要大得多,水滴鱼的身体是由周围的水支撑的。在海底,水滴鱼看起来更像其他鱼类。

波波鱼

2003 年,科学家在新西兰海岸捕获了一条水滴鱼。于是,这些鱼有了它们的绰号——"波波鱼"。当它浮出水面时,科学家们被它那软塌塌的一团凝胶似的身躯惊呆了!

23

巨口鲨

尽管体形巨大，但这种长相滑稽的鲨鱼直到 1976 年才得以被发现！这种动物非常罕见。巨口鲨是世界上最大的鲨鱼之一，体重可达 1200 千克，体长 5.5 米。它的大脑袋是球状的，鼻子又粗又短。在世界各地水深 100 ~ 1000 米处都发现过巨口鲨。

即使是真正的大动物也可能在深海中不被发现！

大嘴巴捕食小猎物

这些巨口鲨张开大嘴游来游去。但这些长相古怪的鲨鱼没什么好害怕的，因为绝对不会把你整个吞下去！它的身体又长又软，前鳍很宽，牙齿很小。巨口鲨是滤食性动物，通过过滤大量的海水，找到足够多的小生物维持温饱。世界上只有 3 种鲨鱼以这种方式进食：鲸鲨、姥鲨和巨口鲨。

小鲨崽很能干

巨口鲨的幼崽很能干，小家伙们一出生就能自己过滤食物。

晚上，巨口鲨会在海面上追逐成群的磷虾（一种小虾）和水母，然后在白天潜得更深。巨口鲨的嘴巴周围有一圈发光器官，会闪烁光点，引诱猎物靠近。

酷毙啦！

在哪里可以看到巨口鲨？

1988 年，在西澳大利亚海岸外的曼哲拉海滩，人们发现了一只被冲上岸的巨口鲨。在位于弗里曼特尔的西澳大利亚州海事博物馆，巨口鲨被保存在一个巨大的水箱中，它的风采可以一览无余。被保存下来的巨口鲨也存在于其他地方，包括夏威夷的毕晓普博物馆、洛杉矶的自然历史博物馆和日本的鸟羽水族馆。然而，并不是所有博物馆里的巨口鲨都在展出；有些巨口鲨被安全地收藏起来，从未对外公开展览。

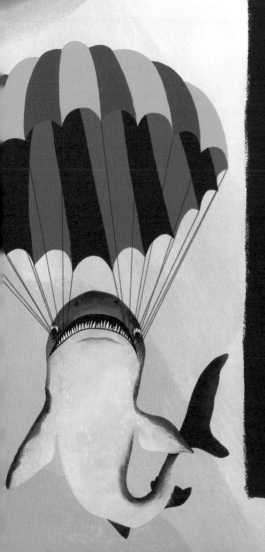

探险家 档案

首次发现巨口鲨

巨口鲨最初是偶然被发现的。当时是 1976 年，美国海军正在夏威夷海岸寻找敌方潜艇。在一次军事行动中，使用了大型降落伞作为海锚。当这些降落伞被拉上来时，船员们看到一条巨大的巨口鲨连在一个降落伞上——巨口鲨把这个降落伞整个吞了下去！从来没有人见过这样的生物，随后巨口鲨被送往夏威夷的一个博物馆保存。不幸的是，这个重要的发现在一段时间内却没人知道。因为这条巨口鲨是在一次机密行动中被发现的，一切都必须保密！直到 7 年之后，科学家们才向世界报告了这一惊人的发现，并为这种新物种命名为"巨口鲨"。在那之后，有深海渔船捕获过几条巨口鲨。

剑吻鲨

欧氏尖吻鲨

在地球上 95~1300 米深的海洋中，都发现有这种奇怪的鲨鱼。

剑吻鲨鼻子的表面有许多小孔。这些小孔有一个很时髦的名字：洛伦兹壶腹。小孔里充满了黏液，含有特殊电感受器，是剑吻鲨猎食的秘密武器。它通常以硬骨鱼、乌贼等为食。

啊哈哈……真有意思！

"弹弓式"摄食

我回来啦！

之前科学家认为，剑吻鲨在 1 亿年前就已经灭绝了，但后来在 1898 年发现了一个活标本！

2008 年，在日本的东京湾，科学家们幸运地拍摄到了剑吻鲨不同寻常的进食行为。剑吻鲨真的应该叫"饕餮（tāotiè）鲨"，因为一旦靠近猎物，剑吻鲨可怕的下颚就会急速地膨胀，向前推射，把落网的猎物囫囵吞下。它的下颚通过灵活的软骨和韧带连接到头骨上，所以它们可以向前弹射，就像装了弹簧一样！剑吻鲨能把下颚向前推得比世界上任何鲨鱼都更远更快。有了这种本事，剑吻鲨可以捕捉动作迅速的猎物。剑吻鲨有许多向嘴后倒长的弯牙，这种牙齿能防止到嘴的猎物逃跑。剑吻鲨游得并不快，但可能会出其不意地抓住猎物。

我溜掉啦！

钝鼻六鳃鲨

与现代大多数鲨鱼相比，钝鼻六鳃鲨与史前鲨鱼的共同点更多。它看起来很像生活在2亿年前的祖先。许多鲨鱼都有5组鳃，但这种鲨鱼有6组，更趋向于原始物种，在很长一段时间内没有发生演变。大多数现代鲨鱼的背上有两个鳍，叫作背鳍，钝鼻六鳃鲨只有一个背鳍。钝鼻六鳃鲨是一种巨大的绿眼鲨鱼，身长近5米，重达500千克，生活在世界各地20~2500米深的热带和温带海洋中。

你知道吗？

钝鼻六鳃鲨一次能产40~110只幼崽，这些幼崽身长可达75厘米。想象一下，一下子有那么多兄弟姐妹，这真不可思议！

探险家 🔍 档案

鲨鱼标签

人们对钝鼻六鳃鲨知之甚少。2019年，为了了解更多关于这种鲨鱼的信息，一组科学家乘坐一艘潜艇潜入海洋深处，希望用诱饵吸引鲨鱼，他们耐心地等待。当鲨鱼出现时，科学家们在雄鲨的鳍上贴上一个探测跟踪标签。一个标签大约能在鲨鱼身上贴3个月，可以给科学家提供各种各样的信息。一旦取回标签，我们就可以知道鲨鱼游得有多深，水中光线有多足，水有多冷。标签揭开科学谜底的那一刻，是最令人期待的高光时刻呀！

皱鳃鲨

拟鳗鲛

人类很少看到皱鳃鲨。皱鳃鲨生活在大西洋和太平洋 50~1200 米深的海域。就像它的表亲钝鼻六鳃鲨一样，皱鳃鲨也有 6 组鳃，是一种远古鲨鱼。数百万年来，皱鳃鲨的外观几乎没有改变。可是，为什么一种动物的外形能在这么久的时间里保持相对不变呢？如今连科学家都搞不明白。也许，这可能是因为皱鳃鲨生活在一个非常稳定的环境中，比如深海，或者是因为在寻找食物方面缺乏竞争者。如果真的没有必要改变外形，那为什么要改变呢？

可怜的尾巴

科学家发现，有几条皱鳃鲨的尾巴不见了，这很可能是在竞争或掠夺性攻击时，被其他的鲨鱼咬掉了。

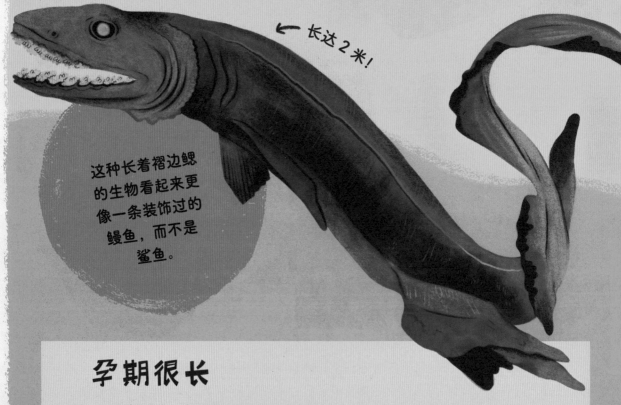

← 长达 2 米！

哎哟，好痛呀！

这种长着褶边鳃的生物看起来更像一条装饰过的鳗鱼，而不是鲨鱼。

孕期很长

动物在体内孕育幼崽的时间称为妊娠（rènshēn）期。对人类来说，通常需要 9 个月以上的妊娠期婴儿才能够正常出生；对大象来说，是 22 个月。但在深海中，生命活动处在慢节奏中。科学家估计皱鳃鲨的妊娠期为 42 个月。

一种全新的游泳姿势

皱鳃鲨是游泳速度最慢的一种鲨鱼！皱鳃鲨不在水中徘徊时，会以一种极其不寻常的姿势游泳，就像海蛇一样身体左右弯曲扭动。

这么多牙齿！

这种滑溜溜的鲨鱼嘴巴竟然长在鼻子末端，而不像其他大多数鲨鱼的嘴，都是长在鼻子下面。皱鳃鲨有 25 排 300 颗牙齿，都是朝后倒长的。一旦有猎物碰巧被抓住，就再也别想逃了。

深藏不露的"顶级猎手"

勿囵吞下！

皱鳃鲨是深海中深藏不露的"顶级猎手"！

没有人见过皱鳃鲨具体是怎样捕食的，因此，我们不太确定皱鳃鲨到底是如何进食的。科学家可以通过观察皱鳃鲨的胃，来了解它们吃什么。在皱鳃鲨的胃里，科学家发现了乌贼、其他鲨鱼等，而且都完好无损。据此，我们可以推测，这些皱鳃鲨深藏不露，会将猎物整个吞下。

大王乌贼

长长的捕食触手 →

许多古老的传说中都讲过这样的故事：大王乌贼在遥远的海洋中击沉船只，水手在险象环生的海洋中获救。虽然科学家已经确认它并非食人海怪，但这种海洋巨兽仍然令人印象深刻。大王乌贼体长可达 13 米，曾在世界各地 400~800 米深的海洋中被捕获。

我不是传说

大王乌贼的身体像个巨大的鱼雷，但没有多少肌肉，身体外面覆盖着的膜状物叫作外套膜，身上附着两个小鳍。所有这些都意味着它也许游得不是很快。

霸王乌贼

大王乌贼的学名是 *Architeuthis dux*，意思是"霸王乌贼"。

每只大王乌贼的眼睛约有 30 厘米宽，和人的头一样大！

可怕的触手

从大王乌贼的外套膜中伸出的是 8 条腕和 2 条更长的捕食触手。乌贼体长的三分之二都是由它超长的捕食触手组成的。不同于它的 8 条腕，这些触手末端扁平粗大，约有 1 米长，内侧布满了数百个致命的吸盘，这些吸盘对捕捉猎物很有用。大王乌贼可以用这些捕食触手来捕捉 10 米外的猎物。一旦抓住，8 条腕就会把倒霉的猎物直接送到大王乌贼自己的舌尖上。

你知道吗？

科学家认为，大王乌贼一生中只繁殖一次。

大王乌贼能活多久？

科学家通过研究大王乌贼身体的一个特殊部位——平衡石，来确定它的年龄。每只乌贼的大脑底部都有两个坚硬的、颗粒大小的平衡石。乌贼利用平衡石在海洋中保持平衡——它们知道哪里朝上，哪里朝下。令人惊讶的是，大王乌贼只能活到5岁。它在5年内以惊人的速度长成巨大的体形。想象一下，长这么大个头，它该吃多少食物，真是不可思议！

大王乌贼的历史

历史上一直有关于人们遇到大王乌贼的记载。其中一个最早的说法来自2000多年前的古罗马哲学家老普林尼。他说，自己看到了一只300千克重的野兽，长着巨大的触手，触手就像一根棍棒，一头粗一头细。

对着镜头微笑！

直到2004年，科学家才拍摄到第一张大王乌贼的照片。日本研究人员将一台摄像机和带饵的鱼钩送到900米深的水下，耐心地等待大王乌贼的出现。2006年，科学家成功地拍摄到一只大王乌贼的现场视频，但要在其自然栖息地海洋深处拍摄，又花了6年多的时间。2012年和2019年，科学家分别使用了一种电光诱饵，将一只大王乌贼吸引到离他们的摄像机足够近的地方。你也可以在网上找到这些视频，亲自看看这个海怪的模样！

大王乌贼吃什么？

没有人见过大王乌贼在自然栖息地捕食。通过研究被冲上岸的大王乌贼，我们找到了答案。在它的胃里发现了鳐（yáo）鱼、大鱼，甚至还有其他的大王乌贼。有一次，人们发现一只大王乌贼被冲上岸，它的捕食触手上只剩下巨大的吸盘。那是因为这只可怜的乌贼刚捕食完毕后，又遇到另一只更大的乌贼，于是它的捕食触手和猎到的食物都被一起撕碎了。

致命的嘴巴

大王乌贼的嘴巴像鸟类一样坚硬而又尖锐，隐藏在触手之间。它用嘴把猎物撕成小块。如果这还不够可怕的话，在它的嘴内有一个类似舌头的器官，叫作齿舌。齿舌上覆盖着许多小牙齿，这些牙齿可以帮助乌贼进一步粉碎猎物。

呀！

吸血鬼章鱼

幽灵蛸（xiāo）

幽灵蛸身长可达 30 厘米。虽然俗称吸血鬼章鱼，但它既不是吸血鬼，也不是章鱼。这个物种极其罕见，科学家发现，幽灵蛸目只有一科一属一种。它有两个像耳朵一样突出的鳍。它有 8 条腕，由蹼连接，就像鸭子的蹼一样！这个特征很不寻常。此外，它有一对腕可以自由伸缩。幽灵蛸通常生活在 600~1200 米深的海底，分布在世界各大洋的温带和热带水域。

世界纪录

尽管幽灵蛸的眼睛远没有大王乌贼和大王酸浆鱿的那么大（见第 30 页和第 64 页），但却保持着自己的世界纪录。因为就相对于身体大小的比例而言，幽灵蛸的眼睛（直径 2.5 厘米）是世界上最大的眼睛。

神秘的进食方式……

在 100 多年前，科学家们首次发现了幽灵蛸。但是，直到 2012 年，科学家才弄清楚幽灵蛸以什么为食及其独特的进食方式！

海洋雪

海洋雪是由从上层海域落下来的碎屑组成的。这些碎屑可能是小块的动物尸体，甚至是碎粪便！幽灵蛸身体会伸出来一些细"线"捕捉海洋雪粒。这些细"线"可以延伸到幽灵蛸身体长度的8倍，就像钓鱼线一样。幽灵蛸在吃海洋雪之前，先用腕把海洋雪团成一个大黏液球，然后放进嘴里食用！

啊哈哈……真有意思！

"大菠萝"护体

幽灵蛸一旦受到威胁，身体就会变成"大菠萝"形状——把长有蹼的腕伸过头顶来保护自己。幽灵蛸的腕上排列着一排排小刺，小刺一伸出来，看起来就更像菠萝！幽灵蛸的发光器官几乎覆盖全身，最亮的器官位于腕的顶端。幽灵蛸闪闪发光，像烟花一样，用来迷惑天敌。如果到了万不得已的时候，它就会启动压箱底的防御：喷出一团明亮的黏液，用以震慑攻击者，然后它就趁着混乱游到安全的地方。

名不副实的"吸血鬼"

幽灵蛸的学名是 *Vampyroteuthis infernalis*，意思是"来自地狱的吸血鬼章鱼"。所以，如果你认为这种生物是一个可怕的深海捕食者，那我不怪你。然而，这个家伙远非如此！尽管名字叫"吸血鬼章鱼"，但它并不以血为食。与鱿鱼和章鱼不同，幽灵蛸更喜欢一种更无害的进食方式，那就是收集海洋雪。

游泳时像傻瓜

成年幽灵蛸用耳朵一样的大鳍，在水中缓缓地拍打着游动。

宝石乌贼

宝石乌贼就像一颗闪闪发光的美丽宝石，引人注目。它是一种常见的乌贼，是在大西洋 500~2000 米深处被发现的。

斗鸡眼乌贼

那是乌贼在眯着眼看我吗？不，它只是一只斗鸡眼乌贼！宝石乌贼属于一种"斗鸡眼乌贼"，这种乌贼因其大小不同的眼睛而得名。宝石乌贼的一只大眼睛总是向上盯着海面，防范着天敌；另一边是一只较小的眼睛，目光向下，留意着其他动物的动静。

闪光快餐

宝石乌贼是许多大型动物最喜欢的猎物，科学家在抹香鲸、海豚和鲨鱼的胃里都发现过宝石乌贼。

"宝石"是雌乌贼的最爱

看起来像宝石的东西实际上是宝石乌贼的发光器官。雌性和雄性宝石乌贼的身体上都有这些发光器官，但它们看起来彼此有点不同。当雌性长大后，它的身体会变得更细长，而且触手和身体上还会生出大量的"珠宝"。这些器官很特别，更复杂，可大可小，有反射器和特殊的肌肉组织，这样就可以把光对准特定的方向。器官表面还能变换颜色，让乌贼发出七彩光！不像一些鮟鱇鱼那样用发光诱饵引诱猎物，这些"宝石"很可能是宝石乌贼用来吸引配偶，甚至迷惑捕食者的。

望远镜章鱼

水母蛸

在暮光带有一双能望穿海底的巨大眼睛非常重要。大眼睛使动物最大限度地看清光线，以便找到猎物和躲避捕食者。但望远镜章鱼没有大眼睛，而是身怀一门绝技来助它看清东西——它的眼睛可以自由伸缩移动，所以这种章鱼四面八方都能看到。望远镜章鱼是唯一拥有这样奇异眼睛的章鱼。与其他章鱼不同的是，望远镜章鱼喜欢待在更靠近海底的地方。

弗兰纳里探秘志

探秘深海化石

深海生物的化石并不多，因为它们大多是软体动物，没有多少骨头，所以深海海底也很少有动物以化石的形式保存下来。但有时来自深海的访客会被保存在较浅的水域。我和孩子们在寻找化石的旅途中发现了一块生物化石，这块化石隐藏在维多利亚悬崖上的岩石中。这是一种鹦鹉螺（一种与鱿鱼和章鱼有关的有壳动物）化石，有5000万年的历史，和足球一样大。科学家们研究了鹦鹉螺的外壳，发现它生长的水域比周围其他化石保存的生物生长的水域冷得多。所以它一定来自很远的地方，可能来自深海中的冷水海域。

隐身游泳

望远镜章鱼体长约20厘米，生活在印度洋和太平洋150~2500米深的海域。它的身体是凝胶状的、透明的，就像水母一样，体内所有器官可以一览无余！在它的8条腕之间，有一层薄薄的膜。除了眼睛和胃，它在海里游泳时几乎是隐身的。它不会水平游泳，只会垂直游泳，而且能保持垂直的姿势漂流很长时间，这或许是它躲避天敌的看家本领。

玻璃海绵

六放海绵

玻璃海绵从外形看也许有点令人困惑：它们是动物、植物呢，还是用来洗碗的东西呢？人们通常意识不到海绵也是动物。海绵是 6 亿年前在地球上进化的第一批多细胞生物。海绵在古老的海洋中游荡，其生存史远远早于我们熟悉的任何动物。玻璃海绵有 500 多种，在世界各地的海洋中都发现过。大多数玻璃海绵生活在 400 ~ 900 米深的海域，但也有一些在 6000 米深处才能找到。

你知道吗？

在太平洋沿岸的一些地方的习俗中，人们会把漂亮的玻璃海绵作为礼物送给一对即将结婚的新人。海绵里面的小虾可视为这对夫妇百年好合的象征。

玻璃海绵的大小不一：最小的不到 1 厘米，最大的有近 2 米长。

强壮又安全的身体

一些玻璃海绵从海底升起，就像一簇白色花儿，从黑暗中绽放。玻璃海绵不像其他的海绵，它不柔软，不粗糙，却像玻璃般坚硬。玻璃海绵看起来很像一个精美的花瓶，但并没有花瓶那么易碎。海绵的骨架是由细小的硅质骨针组成的。硅是一种坚硬的矿物，通常是从沙滩上的沙粒中开采出来的，我们家里窗户上的玻璃主要成分就是硅。玻璃海绵用硅打造的身体极为坚韧，非常灵活。这副铮铮铁骨可以很好地保护玻璃海绵，让许多猎食者望而却步。

我的玻璃房子

玻璃海绵为其他动物提供了天然庇护，科学家们发现鱼和甲壳类动物经常在它附近出没。有一种玻璃海绵名叫维纳斯花篮，经常与一种虾共栖。这种虾把海绵之家打理得既干净又整洁，海绵也会通过自己的代谢物为虾友们提供食物，作为报答。这些虾很小的时候就会进入海绵体内的玻璃洞，在这里度过一生。这些虾长大后，家的空间就窄小了，成了笼子，无法逃脱。有了宝宝后，虾将它们释放到周围的海洋中，这样它们就能找到自己的海绵家园！

好可爱哟！

玻璃海绵价值不可估量

玻璃海绵的骨骼硬度和韧性相当好，这极大地激发了科学家们的研究兴趣，希望能制造出更好的材料。这些材料可以用于互联网，帮助我们改进通信设施，增加通信距离，加快通信速度，提升通信质量！尽管互联网对你来说是虚拟的，但它是一个巨大的计算机网络。这些计算机需要通过电缆连接，这些电缆可以极大地提高信息传输速度。那么，猜猜这些电缆的位置在哪里呢？没错，在海底！海底的电缆总长超过 100 万千米，连接着世界各地的陆上通信设施。

滤食性生物

玻璃海绵是滤食性生物，它们通过身体过滤掉大量的海水，寻找微小的细菌和浮游生物等食物。关于玻璃海绵，我们需要去了解的还有很多。比如，它们如何喂养自己的宝宝，它们喜欢吃什么，它们喜欢住在哪里，等等。

管水母

我打赌你从来没有听说过管水母，这些动物的确很稀奇，也很酷！管水母与水母和海葵有关，是非常奇怪的动物。管水母有175种，每一种的形状、大小、颜色都不相同。有些管水母会把管状茎附着在漂浮的气泡上。有些管水母是细长的，尾部拖着长长的触手，有的体形更圆。管水母有白色的、红色的、橙色的，甚至还有紫色的。大多管水母把触手附着在海底，也有的喜欢在水面上游泳，还有些管水母喜欢栖息在水域中层。在世界上所有的海洋中都发现了管水母。管水母通过喷气推进来高速移动。

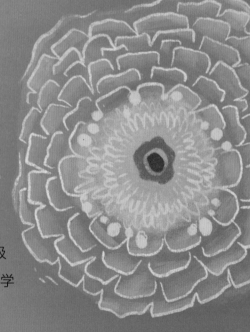

吸鱼枪是如何帮助科学家的？

研究管水母很难，因为收集这类生物就很困难。科学家们试图抓住管水母，但它们非常脆弱，一触即碎。20世纪，人们普遍使用一种大网，在船下拖网捕捞。这种网能捕捉到很多动物，但脆弱的动物经常在返回途中无意间被毁。科学家们现在可以使用附着在深海的设备来小心地捕捉深海生物。这种设备包括吸鱼枪之类的东西，使用吸力来捕捉动物样本！然后，科学家就能在海面上进行科学研究。

世界上最长的动物！

管水母能达到40米长，比蓝鲸还要长！

哇喔，这真是不可思议！

当狩猎者成为猎物时……

在广阔的海洋中，管水母寻找猎物的方法既聪明又狡猾。它的每只触手上都闪烁着明亮的灯光，可作为诱饵。管水母移动时舞动灯光，看起来就像很小的甲壳类动物。那么，你认为谁会来找这么丁点儿大的甲壳类动物吃呢？是其他鱼类！这些鱼放松了警惕，认为它们即将美餐一顿。可万万没想到，这时它们就要成为管水母的大餐了！

能发光的捕食者

管水母用触手上的刺细胞来捕捉小型甲壳类和鱼类。一些管水母可以发出绿色、蓝色，甚至红色等五颜六色的光，作为诱饵来吸引猎物。大多数管水母都会坐等猎物到来：把触手伸出来，交织成网，等到猎物到来，出其不意地刺伤猎物，成功诱捕。

超级生物体

令人难以置信的是，管水母并不是单个生物，而是成千上万微型的异形个体集成的生物群体！科学家们把这些个体称为游动细胞，一个个游动细胞连接成管水母的身体模样。游动细胞并不都是一样的，它们都有自己特定的目的：有些是为了吃东西的，有些是用来游泳的，有些是为了生育幼崽，还有一些用于血液循环！

午夜带

当我们进一步潜入海洋深处的时候，我们的周围伸手不见五指，就像午夜月落一样黑。感觉会更加不舒服：水像冰箱冷藏的饮料一样冷（大约4℃），压力开始增加。午夜带有1000～4000米深，深海阳光最先在这里消失。许多动物都在白天到访午夜带。它们利用黑暗作掩护，在夜间向海面迁移，寻找食物。

在午夜带，永远是黑夜，但这并不意味着没有光。你会发现很多动物会发光！这叫作"生物发光"。有超过1500种鱼类会发光。这种能力在鱼类的历史上至少进化了27次，因此这些鱼类有了这种本领非常方便。这真的很了不起。当一种能力经过多次不断进化时，就意味着它的用处非常大。

在深海中，超过80%的鱼可以闪闪发光，这意味着在这个不适宜居住的世界里，生物发光对生存至关重要。动物可以通过两种方式，发出这种怪异吓人的光：首先它可以自己发光，其次它身上的细菌可以辅助发光。许多动物用发光来引诱猎物，避开天敌，甚至找到配偶。在我们深入海底的旅程中，食物将越来越难找到。在午夜带，动物进化出各种各样的本领来捕获猎物。能想法子让一个猎物心甘情愿地来到你跟前，又何必费力花老长的时间出去找饭吃呢？这里许多鱼从进化中长了本事，都能把猎物骗到自己的嘴边。一旦把猎物骗来，最好抓住机会，别让煮熟的鸭子飞了——因此，这里的生物下颌都长着很多可怕的牙齿，一旦得手，猎物想逃跑基本没戏。无论是一顿美味大餐，还是开胃小菜，没有哪个动物想在这里丢掉饭碗。你永远不知道猎物什么时候还会再来！因此，许多动物都有进化的本领——比如有可以膨胀的下颚和胃，来吃比它们更大的猎物。想象一下，吃一顿比自己还大的生物大餐，那会是多么大的挑战！

吃不了可得"兜"着走哦！

树须鱼

丝角鮟鱇

树须鱼是一种鮟鱇鱼。科学家们发现，树须鱼常常在超过 1000 米深的海域出没。它的头上有一个发光的诱饵，下巴长着浓密的树须状的亮胡子，它就像圣诞树一样！

不到 8 厘米长！

为了生存
而附着于雌鱼

雄性树须鱼和雌性树须鱼看起来大不一样。你会发现，大多数照片都是雌性的，它有雄性的 10 倍大。如果你观察得够仔细，就会发现它的身体下面隐藏着一个非常小的雄性树须鱼。这只雄鱼没有诱饵。它不需要诱饵，甚至不需要嘴，因为它完全依赖于雌鱼给它供给食物。

这些雄性小矮子的眼睛很大，鼻孔也巨大无比。这有助于寻找雌鱼来维持自己的生命。一旦找到附着对象，它就成了雌鱼身体的一部分，从那里得到所有的营养。雄鱼与雌鱼的血液就可以共享！这就叫作性寄生，这种类型的生物在鮟鱇鱼中很常见。每只雌鱼身上都有一只雄鱼附着。雄性树须鱼喜欢把自己放在雌鱼的屁股附近，时刻准备给对方的卵子授精。

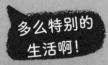

多么特别的生活啊！

希望捡到深海宝贝

有时，风暴过后，你会在海滩上发现一些宝贝。有一次，我竟然发现了一条被冲上岸的鮟鱇鱼。那条鱼和我的手一样大，身上有棕色和黄色的斑纹，还有一个小小的诱饵。这种鮟鱇鱼不是深海鱼类，但人们确实发现过在大风暴或异常情况下被冲上岸的深海鱼。下次等风暴过后去海滩时，可以留心一下，指不定会意外寻得深海中的宝藏呢。

诱敌深入

在深海中，大约有 170 种鮟鱇鱼。鮟鱇鱼最为有名的是它龇牙咧嘴的形象，以及它可以撑得很大的胃（这样可以吃掉比自己大得多的猎物）。凡是鮟鱇鱼，都有一个非常特殊的身体部位，叫作诱饵。你在钓鱼时，在鱼竿末端挂过鱼饵吗？这种诱饵实际上是假诱饵，是用来引诱不知情的鱼上钩的。它的诱饵通常闪闪发光或颜色鲜艳，伪装成一顿美味大餐。鮟鱇鱼利用发光的诱饵来捕捉猎物，诱饵不偏不倚正好长在它的脑袋中间，闪闪发亮，离鮟鱇鱼的大嘴非常近！

时刻都是"高光"！

树须鱼罕见之处在于它有两种发光的方法。一种由寄生在树须鱼身上的细菌发出。为了回报它们的辛勤付出，树须鱼给细菌提供了一个安家落脚的好去处。另一种是树须鱼自己发光。树须鱼的下巴上有一根明亮的长胡子，就像垂下来的蕨叶一样，是用来吸引猎物的。胡子发亮是因为这种鱼能产生一种特殊的化学物质。

钓鱼冠军！

毛颌鮟鱇

毛颌鮟鱇是一种鮟鱇鱼，头上长着一个像钓鱼竿一样的软组织，末端有一个带着 3 个闪光的"钓钩"的诱饵，用来捕鱼。毛颌鮟鱇甚至会把"鱼竿"抛到脸前，就像你用假蝇钓鱼一样！全世界共有 8 种毛颌鮟鱇，分布在世界各地的海洋中。

你知道吗？

毛颌鮟鱇的俗名是"毛颌袋口"！

毛颌鮟鱇发现于 4000 米深海！

深海里没有牙医

这条鱼的头不是很奇怪吗？ 看起来需要牙套了，你看它的龅牙太大了！它的口鼻部很长而且长满牙齿，末端有两个巨大的鼻孔。 这些大鼻孔表明它很可能拥有很好的嗅觉。 毛颌鮟鱇身上也有特殊的感觉器官，可以感知水压的微小变化，从而帮助它找到猎物。

掉了下巴的信号灯

黑软颌鱼

黑软颌鱼看起来有点像交通灯。它的眼睛下面和后面有两个发光器官，一种发蓝绿光，另一种发红光。这种鱼是一种龙鱼，在世界各地的海洋中都有发现。黑软颌鱼体长可以达到 30 厘米，生活在约 4000 米深的海域。

夜视镜偷袭！

在深海，能够发出红光是非常有用的，因为在这么深的地方，大多数动物都看不到红光。对黑软颌鱼来说，这个红灯有点像夜视镜！它可以悄悄靠近其他的鱼，而这些鱼什么也看不见。

好厉害的下颌

黑软颌鱼的下巴很奇特，上面长满了针状的牙齿，可以伸张得很宽大，以捕捉最大的猎物。黑软颌鱼的下颌没有皮肤覆盖，在水中总是张开着。如果你侥幸没有被它的牙齿刺穿，能从这个下巴缺口逃走，还是有一线生机的！

它喜欢吃甲壳类动物和其他鱼类。

哎哟，好痛呀！

45

幽灵鱼

葛氏后肛鱼

幽灵鱼也叫作桶眼鱼，世界上有 19 种幽灵鱼。幽灵鱼一定是最奇特的鱼。它头部上方有一双巨大的眼睛，能透过脑袋向上看！我们如果这么看的话，只会看到自己脑壳里面黑洞洞的。它的眼睛外围有一个透明的、充满液体的圆护罩，能够保护鱼眼睛，还能充当光线的放大镜。为什么它的眼睛朝向海面？很可能是因为幽灵鱼在寻找上面的猎物。更奇怪的是，一些幽灵鱼一旦锁定了目标，还能将眼睛转向前方，然后快速出击，将猎物逮个正着！

亮灯泡的屁股

幽灵鱼可以用屁股发光！在幽灵鱼尾部附近，有一个有点像灯泡的器官，那里的光是由细菌产生的。然后光线传输到幽灵鱼的全身。这种鱼可以通过身体下部的一个特殊器官来控制光线。幽灵鱼的属名 *Opisthoproctus*，字面意思是"后肛门"！

你看见的是鱼肚皮还是海面？

幽灵鱼是在一些光线可及的水域捕获的，比如在午夜带上方的暮光带。幽灵鱼来到暮光带时，科学家认为，在阳光照射下，它明亮的肚子与阳光四溢的海洋表面很相似，因此能很好地隐藏起来。天敌从水下抬头看时，便不会识破。

好聪明呀！

这样的脑子更清楚

双目镜鱼也是一种幽灵鱼。这个深蓝色的小家伙有一个透明的脑袋，里面好像装满了果冻！它的头部非常透明，你可以看到里面各种各样的玩意，比如血管。双目镜鱼曾被发现于海下 2000 米深处，长 15 厘米。它的学名是 *Winteria telescopa*，其实指的是它有一对像望远镜一样的大眼睛。

艾氏巨棘角鮟鱇

艾氏巨棘角鮟鱇是另一种鮟鱇鱼，暮光带到处都有这种鱼！用诱饵钓鱼一定是一种寻找食物的好办法。这种鮟鱇鱼有一个像长鞭子的诱饵，末端是几条微小的线状组织。雌性艾氏巨棘角鮟鱇能长到大约 30 厘米长，有 5 排小而锋利的牙齿。就像许多其他鮟鱇鱼一样，这种鮟鱇鱼雄鱼相对雌鱼要小得多，大约只有 2 厘米长。它嗅觉很灵敏，很快就能找到雌鱼交配。不过，雄性艾氏巨棘角鮟鱇挺幸运的，科学家认为，这种雄性鮟鱇鱼生活很自由，不像雄性树须鱼（见第 42 页）那样，终身附在雌性伴侣身上，永远走不开。

身体倒着捕猎

在自然栖息地观察动物很重要，因为它们的行为可能出乎你的意料。2002 年，科学家们目睹了一种巨棘角鮟鱇捕食猎物的全过程。科学家发现它躺在海底深处静静等待着猎物……但是，它的身体是倒着的！它倒过身来的时候，伸出鳍，嘴巴微微张开，把鱼饵抛在前面，希望有猎物上钩。

饼干切割鲨

雪茄达摩鲨

别看名叫饼干切割鲨，它可不是吃饼干长大的哦！它一遇到比自己大得多的动物就馋得慌，会从大动物身上撕咬下一块块的肉。这种鲨鱼可以长到 56 厘米长，白天生活在大约 1000 米的海洋深处，晚上洄游到海面上寻找食物。

> 我怎样才能闻到曲奇饼干的味道呢？

主意不错！

饼干切割鲨的腹部能发光，用来引诱猎物。较大的鱼类和海洋哺乳动物遇见一只饼干切割鲨，可能都认为它肯定会成为自己的美餐。但当这些大动物靠近它，自以为就要得手时，饼干切割鲨就会突然反扑上去！

啊，哈？

这些动物太可怕了，甚至会把潜水艇当猎物撕咬！

探险家 档案

游泳运动员偶遇饼干切割鲨

信不信由你，这是一个真实的例子：一只饼干切割鲨从人身上咬下了一大块肉。那是 2009 年，长距离游泳运动员迈克尔·斯波尔丁正在完成从夏威夷岛到毛伊岛的游泳全程。就在他安心潜游时，突然感到有个软乎乎的东西撞到了身上。起初，他还以为是一只鱿鱼。但是不一会儿的工夫，一条饼干切割鲨咬住了他！给他留下了一个 10 厘米宽、4 厘米深的伤口，他养了 6 个多月才痊愈。多年以后，迈克尔终于完成了他的游泳，这次很幸运，没有让鲨鱼咬伤。

> 哟！

可怕的寄生鱼

饼干切割鲨长有锋利的尖牙，多达 68 颗，它所有的牙齿都连接在一起，能迅速咬定目标不放松。这种鲨鱼咬猎物的方法很不寻常：它将嘴唇贴到目标猎物的皮肤上，用锋利的牙齿深深撕咬一口。然后，扭动身体，旋转，直到一块饼干形状的肉掉下来！科学家认为，饼干切割鲨是一种寄生物种，因为之后能看到它的猎物还活着。寄生物种是指从另一种生物（宿主）那里获得食物的一种生物，有时会附着在另一种生物体上或寄生在它身体里面。

宽咽鱼

宽咽鱼有一张巨大的嘴，还有一条又长又细的尾巴。它的下颚是它身长的四分之一，上面长满多排牙齿。宽咽鱼的大嘴可以膨胀，像个大气球。这样，它就能捕捉比自己大得多的猎物。它也叫作鹈鹕（tíhú）鳗，因为它的下颚可以像鹈鹕的喙一样伸展。这种奇特的鳗鱼可以长到 80 厘米长。

喜欢我的尾巴？

宽咽鱼的尾巴末端可以发出粉红色的光，甚至还能时不时地闪光。宽咽鱼不太擅长追逐，所以它用发光的尾巴引诱猎物。一旦某个倒霉的猎物来到它的嘴边，它就会像闪电一样迅速向前冲，把猎物整个吞下！

噼啪！

灯笼棘鲛

黑腹乌鲨

灯笼棘鲛又叫乌鲨，是一种角鲨。它可以长到 45 厘米长，遍布大西洋和地中海。灯笼棘鲛喜欢吃小型的鱼类、鱿鱼和甲壳类动物。

会发光的肚子

灯笼棘鲛的肚子会发出蓝绿色的光，从 4 米远的地方就能看到。科学家认为，这有助于灯笼棘鲛躲避天敌从下面向上突然的袭击。鲨鱼作为一个群体已经两次进化出了发光能力，这意味着它们发现这对生存很有用。会发光的鲨鱼是进化得非常成功的生物，它们约占所有鲨鱼物种的 12%。

意外捕获

渔船经常用拖网捕鱼，就是在船下面拉一张大网。不幸的是，灯笼棘鲛经常被拖网渔船意外捕获，这叫作"副渔获物"。渔船无论遇到什么样的副渔获物，通常都会扔掉，但遗憾的是，那时对灯笼棘鲛来说已经太晚了。由于大西洋的捕鱼活动过多，科学家担心灯笼棘鲛的数量正在逐渐减少。

生物进化

几千年来，地球上的动植物种类都在不断变化中，这就是"进化"。如果追溯到几百万年前，我们现在就是不同于祖先的物种。我们为什么要进化？答案就在我们周围的世界里。随着时间的推移，环境发生了变化，生物找到了新的栖息地。动物和植物进化是为了更好地适应它们所处的环境。进化最成功的动物——无论是进化出比祖先更大的牙齿，还是强大的新发光诱饵——都会比那些没进化成功的动物找到更多的食物，生更多的孩子。

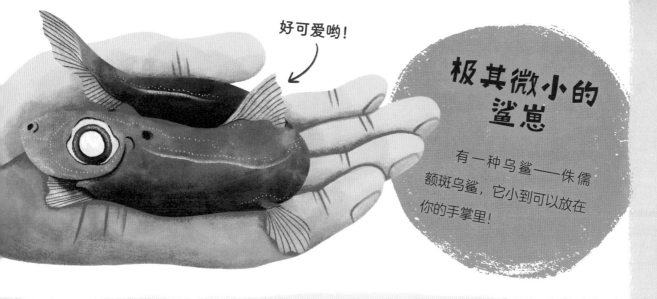

好可爱哟！

警报水母

礁环冠水母

一些深海水母就像梦境一样美丽。警报水母在世界各大海洋的暮光带都有发现。它的身体是红色的，周身还拖着 20 条长长的触手，还有一条特别的触手，比其他触手长得多。这种触手的末端有一个发光的诱饵，用来吸引猎物。

只有 15 厘米宽！

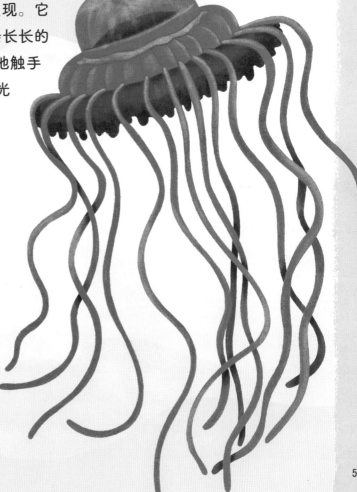

离我远点儿……
不然我就报警啦！

你可千万别去惹警报水母，否则它可能会触动警报！当警报水母感觉受到威胁时，它就会连续不断地闪现绚丽的蓝光，上演一场精彩的表演，这些闪烁的灯光可以在 90 多米外看到。科学研究认为，警报水母遇到危险时，会利用这些光从远处吸引来更大的动物，逼迫当前的掠食者放弃对它的威胁而逃离。

深海水母

胎盘水母

胎盘水母看起来像一个漂浮在深海里的无害的古怪塑料袋，但实际上是一个厄运口袋！胎盘水母与大多数水母不同，它几乎没有触手。胎盘水母袋子状的身体可以达到 1 米宽，漂浮在深海中，等着撞上一顿美餐。在 20 世纪 60 年代，科学家首次发现胎盘水母。胎盘水母生活在海洋深处约 1750 米的地方。

刺细胞

水母与海葵和珊瑚有亲缘关系，这些生物都有一种被称为刺细胞的组织。水母的触手上通常有刺细胞。虽然没有触手，但科学家认为胎盘水母全身都有刺细胞。

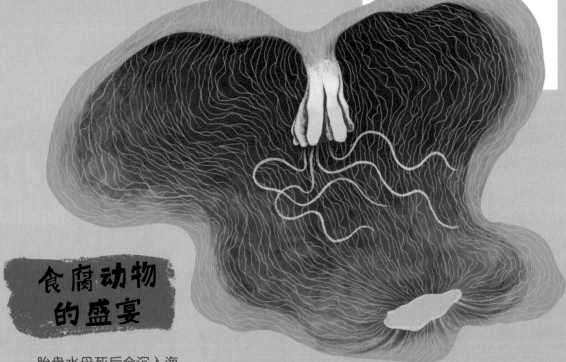

食腐动物的盛宴

胎盘水母死后会沉入海底。如此可口的一顿大餐吸引了大量的蟹和虾等食腐动物争相抢夺盛宴！很幸运的是，科学家们通过安装在潜艇上的摄像机，目睹了一次胎盘水母沉尸海底的过程。

放我出去！

那么，当这种胎盘水母幸运地遇到美味时，它会怎么做呢？胎盘水母把猎物困在自己庞大的袋状身体里，然后迅速关闭开口，就像拉紧垃圾袋口上的拉绳一样。它体内的刺细胞可能会刺到猎物，使其瘫痪。一旦猎物静止不动，胎盘水母体内的细小毛发就会把猎物推向自己的嘴边。

我的胎盘
也是家

有一种生物似乎受到胎盘水母的保护，身在口袋里，厄运却不会降临，那就是等足类动物。等足类动物是一类甲壳类动物，有 7 对腿和一个坚硬的、分节的外骨骼——外骨骼是动物身体外面的坚硬骨骼。这种特殊的小等足类动物安然无恙地栖居在水母体内，吞食水母捕捉到的任何猎物。对等足类动物来说，这真是占足了便宜——免费吃住，还能躲避天敌！人们发现，几乎所有这些深海水母体内都生活着等足类动物。

好可爱哟！

扁吻银鲛

扁吻银鲛在世界各地的海洋中都有发现，它生活在 3000 米深的水域中。它的鼻子和尾巴又长又尖，身长可达 120 厘米。扁吻银鲛喜欢待在海底附近，用它的两只大眼睛寻找小的甲壳类动物和贝类动物。扁吻银鲛也是一种兔子鱼，但它绝对没有你的宠物兔子可爱！

宇宙水母

不要混淆：这可不是来自外太空的飞碟，这是来自深海的宇宙水母！这种约 2 厘米长的宇宙水母在太平洋 3000 米深处被发现，就在太平洋南部的萨摩亚群岛附近。

离开这个世界，到外星球上！

海底山脉

宇宙水母是科学家在海底山附近发现的。海底山又叫海山，是由海底的火山活动作用形成的水下山脉。海底山脉是海洋中生物多样性集中体现的区域，洋流流经海山周围，从海底带来了丰富的营养和食物，引来万千深海生物在这里组建了一个生命大家园。

弗兰纳里探秘志

长寿鱼

长寿鱼，又名橙连鳍鲑，喜欢成群地生活在海山附近。渔民们发现，在长寿鱼大量繁殖季，他们一次捞到的鱼量价值就高达 100 万美元。味美多汁的长寿鱼鱼片也会瞬间爆满世界各地的餐馆。长寿鱼虽然只有 30 厘米长，却能活一个半世纪——这对一条鱼来说可谓寿星里的老寿星了！对于吃一条 150 岁的寿星鱼，我心里总是觉得似乎太过意不去了，良心发现后，它就从我的餐盘里消失了。

探险家 档案

探索水下山脉

海洋深处的海山峭壁上爬满了多姿多彩的珊瑚，这些珊瑚从未见过天日。这里有黑色、金色和红色的珊瑚，它们组成的珊瑚林高达 60 米，物种数量之多和热带雨林的物种数量不相上下！有很多其他的动物生活在这些珊瑚森林中或周围。红色和白色的螃蟹在珊瑚中爬行，筐蛇尾也是如此，它们的腕像小型蛇一样不安地摆动着。当我在悉尼担任澳大利亚博物馆馆长时，我雇用了一个真正的深海探险家，他叫格雷格·劳斯。我和格雷格·劳斯一直保持着联系，听到他的故事我很惊讶。他告诉我，有一次他在南太平洋潜水，成为第一个探索整个水下山脉的人——当时他下沉到的地方深 4 千米！劳斯收获了许多新物种，不过包括章鱼在内的一些物种在返程上升过程中从他的网中逃脱了。他也有惊喜，遇到过新发现：一天早上，他下潜到离他的考察船 4 千米处时，在海底发现了一条剔掉肉的鱼骨头 厨房的工作人员剔完鱼骨头，就把鱼头和鱼脊扔到了海里——它直接沉下去了，一点也没漂流。海中央应该是一个非常安静的地方。

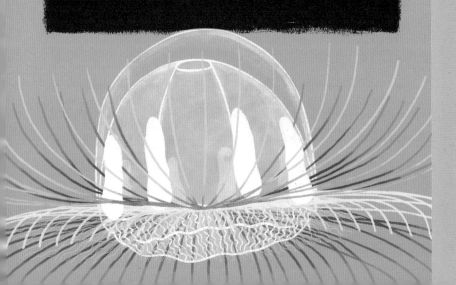

太多的触手

宇宙水母有两套触手——一套朝上，一套朝下，总共有 800 多根触手！科学家不知道它为什么会有这么多触手，而一些人认为所有这些触手在狩猎时都有用。水母的身体完全透明，你可以毫无障碍地看清这种水母鲜红色的消化系统，以及几个黄色的光斑。这些光斑是宇宙水母用来孕育小水母的器官！

透明水母

在一个无处可藏的世界里，全身透明是个非常好的隐藏策略。但是，这对科学家来说，许多深海生物也就很难观测到了，即使它们有 1 米长，落在我们的鼻尖上，我们也都会视而不见。深海水母和其他类似的生物就专门擅长这种伪装。透明水母在深海中随处可见，却是隐藏最深的厉害角色，真正统治着那里的生命。

南极犬牙鱼

南极犬牙鱼喜欢生活在南半球较冷的水域。幼崽更喜欢浅水区，在浅水区吃一种叫作磷虾的小甲壳类动物。南极犬牙鱼长大了，就敢去更深的水域（深达 3850 米）寻找鱼类。成年后，南极犬牙鱼是机会主义的捕食者，任何美味的猎物只要靠近，它就会咬上一口，绝不放过！

南极犬牙鱼可以长到 2 米多长，能活过半个世纪——作为鱼来讲，这个寿命确实很长了！

哇喔，这真是不可思议！

不要过度捕捞我！

人们大量捕捞南极犬牙鱼，因为在许多国家，这种鱼是一种极其奢侈的海鲜。不幸的是，南极犬牙鱼面临着被过度捕捞的危险。因为它需要长达 9 年的时间才能发育成熟，生育自己的孩子。捕捞南极犬牙鱼时，通常采用拖网法，即在船下拖曳一个大网。许多其他鱼类和海洋哺乳动物也可能被拖网意外捕获，导致它们死亡。如果你想拯救南极犬牙鱼，那就请不要捕捞它，更不要吃掉它！

犬牙鱼保护行动

人们通过制定政策法规来保护鱼类种群，比如设定合法的捕鱼点和捕捞量。这些规定很重要，因为它们确保了某些物种不会濒临灭绝。在"犬牙鱼保护行动"期间（2014—2016 年），一艘名为"海洋守护者"的正义船只从南极洲出发，迎着强烈的风暴、巨浪，在危险的浮冰中追缉一艘名为"雷霆"的非法渔船，一直追到西非。经过 110 天紧锣密鼓的追击行动，终于追上了"雷霆"，不过"雷霆"已经沉下海了，而全体船员总算获救了！最后，"雷霆"因非法捕捞大量的犬牙鱼，船长和总工程师被罚款 1700 万美元，并被送进了监狱。

黑叉齿鱼

黑叉齿鱼虽然只有 25 厘米长，但却可以吞噬比它大 10 倍多的猎物。黑叉齿鱼的大嘴巴里满是大板牙，它吞下整个猎物后，肚子立刻就会膨胀起来，再慢慢将其全部消化掉。黑叉齿鱼的胃可以膨胀得非常大，大到皮肤都变成透明的了！在大西洋水下 2700 米的深处，才能发现这些肚子鼓得像大气球般的鱼。

它的胃在吃东西前比它的眼睛还小！

有时，黑叉齿鱼能吃下猎物，却未必能消化完猎物。有人发现，一些死去的黑叉齿鱼漂浮在水面上，腹部已经炸裂开了，这是因为它吞下的猎物太大了。猎物在它肚子里尚未消化完，就开始分解，释放气体了。正是这些气体把黑叉齿鱼的肚子给撑裂了……

嘭！

你有没有想过，自己肚子能撑得再大点儿，吃下第二块生日蛋糕呢？嗯，这个黑叉齿鱼可以办到。事实上，它的胃可以装下一整个蛋糕，甚至更多呢！

太平洋蝰鱼

马康氏蝰（kuí）鱼

蝰鱼是深海中长相最可怕的鱼之一，以凶猛而闻名。蝰鱼有 9 种，都有大眼睛和大獠牙。蝰鱼的尖牙非常大，下颌的牙齿长在头骨外面，几乎戳到眼睛里。这些鱼生活在太平洋 4000 多米深的地方，晚上洄游到海面上吃东西，它们的食谱很丰富，比如甲壳类动物、鱿鱼和其他鱼类。

长达 30 厘米！

等你发现我就晚了！

太平洋蝰鱼的腹部会发光。正是利用这一点，蝰鱼能与深蓝色的海洋背景融为一色，隐藏得非常巧妙。一些蝰鱼的背部可以发光，这是它们的背鳍，可用来引诱不知情的猎物。

蝰鱼的"牙狱"

在深海里很难找到食物，所以动物们进化出各种奇怪而奇妙的手段，来确保它们能找到食物。为了捕捉到猎物，蝰鱼可以游得很快。蝰鱼的长牙就像监狱里的铁栏一样——一旦你进去了，就再也别想出去了！蝰鱼的下颚也能自由脱离躯体（上颚和下颚脱臼，这样它们就不会连接在一起），以便于它能吞下比自己更大的猎物。其中，有一种斯氏蝰鱼，相对于头骨大小来说，它的牙齿是世界上所有鱼类中最大的！

哇哦！

让我离开这儿！

无头鸡怪

在 1882 年，科学家们就已经发现了无头鸡怪。但是，此后却很少发现这种神秘的生物。最近，澳大利亚科学家在南大洋 3000 米以下深海地带探索时，在深达 5689 米的地方发现了无头鸡怪。它扑扇着独特的"蹼"第一次游向水下摄像机时，让科学家们顿时想起了一只即将被投进烤箱的鸡！难怪它的名字这么奇怪。

如果不是鸡，那会是什么？

信不信由你，无头鸡怪实际上是一种海参，与海星、海蛇尾和海胆是近亲。它的身体像一个圆桶，身长可达 25 厘米，头部周围有大量触手。它用这些触手把海底碎屑带进嘴里。和大多数海参一样，无头鸡怪吃海底的沉积物。它穿过大片的海底觅食，吃掉大量隐藏的食物。然后，它排出多余的沉积物，这些物质在它后面形成一长串的尾迹。顺着便便的痕迹，就能找到它！它只在海底觅食，其他时间则用触手在水里游荡。

天才的防御方式

这种果冻状动物用一种最独特的方式做到了自保：只要碰它一下，全身就会发光。但更不可思议的是，当猎食者骚扰完它，离开"犯罪现场"时，皮肤早就不知不觉涂上了无头鸡怪的光斑！这对猎食者来说很可怕，因为一旦被涂上光斑，就会引来猎食者的天敌。

真是令人震撼！

59

乌贼蠕虫

萨马乌贼蠕虫

乌贼蠕虫是一种蠕虫，喜欢在海底自由游动，而不是在地下挖洞。

它到底是乌贼还是蠕虫？

10 厘米长！

长长的捕食触手

探险家 🔍 档案

科学家是如何了解深海的？

为了发现深海动物，科学家们使用了大量的技术。比如，可以设置陷阱——一个中间放着诱饵的大笼子——来收集动物；或者，可以在潜艇上安装摄像机！无人驾驶的深海潜艇叫作遥控潜水器（ROV）。2007 年，在加里曼丹岛海岸附近，遥控潜水器在近 3000 米深的地方发现了萨马乌贼蠕虫。科学家们很震惊："这种动物真的太奇怪了，居然能逃避我们的注意这么长时间！"科学家认为，这种乌贼蠕虫善于游泳，所以会远离科学家们在深海设置的陷阱。此外，即使科学家捕捉到了萨马乌贼蠕虫，它那柔软的身体也很容易在返程中受损。科学家使用遥控潜水器，就可以在动物的自然栖息地观察，了解深海动物世界更多的秘密。

真是得心应手，方便极了！

迷人特性

乌贼蠕虫的身体是透明的，头部周围有许多触手，其中两个触手是黄色的、卷曲的。乌贼蠕虫把这双黄色卷曲的触手当作"过滤器"来过滤水，寻找从水面上沉下来的食物残渣。乌贼蠕虫用其他触手呼吸，在黑暗中摸索道路。这些触手非常特别，因为它们可以伸展得很远，比乌贼蠕虫身体还要长。在乌贼蠕虫的触手之间，隐藏着两个羽毛状的"鼻子"，用来探测水中的化学物质。乌贼蠕虫身上长着大量的毛茸茸的像桨一样的器官。乌贼蠕虫游泳时，这些"桨"划动的节奏保持一致——有点像此起彼伏的墨西哥人浪！

冥河水母

冥河水母可能是深海中最大的无脊椎动物捕食者。它身体就像一个暗红色的圆钟，可达 75 厘米宽。身体上有 4 条粗壮的口腕，可以垂到 6 米以下！这些口腕是用来抓住猎物的。冥河水母在世界各地的深海中都有发现，它喜欢 -1.5～4℃ 的冷水。人们在墨西哥湾约 2000 米深的地方发现了这种巨型深海水母。

好朋友之间也得留一手防着点

鱼类和深海水母结交可谓千载难逢，这种友谊称为"共生关系"。人们曾多次看到冥河水母带着一条很小的白色鱼走四方！友谊是相互的，这个小家伙能清理水母身上讨厌的寄生虫；作为回报，水母给予小鱼庇护和食物。科学家认为，为了保护自己不受水母刺的伤害，这种小白鱼体外会覆盖一层黏稠状外衣。想象一下，为了和朋友出去玩，你硬是往自己身上糊了一层黏液！

护体黏液！

鲸口鱼

鲸口鱼科有 30 种鲸口鱼，最大的可达 39 厘米长。这些鱼的嘴巴很大，鳍长在身体后端。鲸口鱼自己不能发光。尽管如此，鲸口鱼还是很适应在午夜带生活。在 1800 米以下水域，这种鱼的种类可能比其他任何鱼类都多，每晚都会到较浅的水域觅食。

鲸口鱼之所以得名，是因为它看起来有点像鲸鱼，皮肤松弛，没有鳞片。

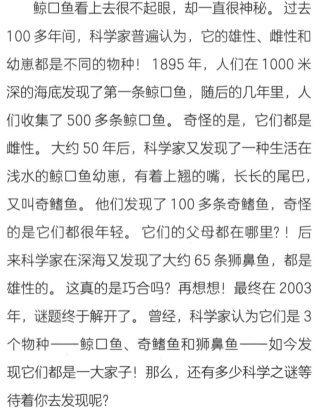

鲸口鱼之谜

鲸口鱼看上去很不起眼，却一直很神秘。过去100 多年间，科学家普遍认为，它的雄性、雌性和幼崽都是不同的物种！1895 年，人们在 1000 米深的海底发现了第一条鲸口鱼，随后的几年里，人们收集了 500 多条鲸口鱼。奇怪的是，它们都是雌性。大约 50 年后，科学家又发现了一种生活在浅水的鲸口鱼幼崽，有着上翘的嘴，长长的尾巴，又叫奇鳍鱼。他们发现了 100 多条奇鳍鱼，奇怪的是它们都很年轻。它们的父母都在哪里？！后来科学家在深海又发现了大约 65 条狮鼻鱼，都是雄性的。这真的是巧合吗？再想想！最终在 2003 年，谜题终于解开了。曾经，科学家认为它们是 3 个物种——鲸口鱼、奇鳍鱼和狮鼻鱼——如今发现它们都是一大家子！那么，还有多少科学之谜等待着你去发现呢？

单板纲动物

单板纲动物是软体动物，只有一个外壳，长着一只黏糊糊的大脚，能让它吸附在海底。单板纲的壳看起来像一顶放在地上的小帽子，能附着在坚硬或柔软的地面上，经常在海山附近发现，就像宇宙水母（见第54页）一样。它的脚肉乎乎的，上面长着一张嘴，还有嘴唇，能咀嚼海底小块食物。它移动得很慢，会在身后的海泥上留下波浪状的痕迹。奇怪的是，单板纲的肾脏、心脏和鳃等器官不止一个！科学家认为，这些多重器官有助于呼吸更顺畅。

3~10毫米长

数亿年后，我复活了！

科学家最初认识的单板纲动物是化石，并认为它们在3.75亿年前就灭绝了。直到20世纪50年代，人们才在3500米深的海底发现了它。当时，它被誉为20世纪生物大发现之最！现在科学家已知的单板纲的现生种超过35种。

大王酸浆鱿

你可能听说过在遥远的海洋里有一只大王乌贼恐吓水手的故事。但你听说过更大的大王酸浆鱿吗？大王酸浆鱿是地球上最重的无脊椎动物。迄今为止发现的最大的大王酸浆鱿重达 495 千克！它和一匹高头大马一样重。这种鱿鱼喜欢南极洲周围的寒冷水域，在南极海域深处 2000 米的地方都能找到。

致命的躯干

大王酸浆鱿是一种红色的肌肉猛兽，身长可达 6 米，有着丰满的桶状身体。身体顶端长有 2 个形状像箭的宽鳍，鳍下有一个头，上面长着 2 只盘子大小的眼睛。大王酸浆鱿有 8 条长长的腕和 2 条更长的捕食触手，可以更好地捕食猎物。

非常厉害的喙

大王酸浆鱿除嘴巴外，身体几乎全是软的。嘴巴隐藏在触手之间，周围是非常坚硬的喙。它用强有力的喙杀死和撕裂猎物，活像海洋中的珊瑚杀手鹦嘴鱼！抹香鲸和其他生物以鱿鱼等为食，而大王酸浆鱿的喙经常出现在天敌的胃里。科学家通过研究这些喙，发现了大王酸浆鱿真实的大小。有些喙甚至比迄今为止发现的最大的整只鱿鱼还要大。大王酸浆鱿的体重现有的纪录是 495 千克，以后很可能还会继续增加，打破这个纪录！

在哪里可以看到大王酸浆鱿？

所幸你不需要潜入深海，只要飞到新西兰就能看到大王酸浆鱿了！新西兰蒂帕帕国家博物馆里保存着一只大王酸浆鱿的尸体，有人在南极海域捕鱼时捕获了它。不幸的是，即使远渡重洋，人类通常也只能看到已经死亡的大王酸浆鱿。截至2015年，人类只获得了12只完整的大王酸浆鱿标本，其中大多数是被渔船意外捕获的。

鸟类食物

科学家认为，信天翁以这些动物为食，它们如果遇到死的大王酸浆鱿，就会细细品味这顿快餐。科学家是怎么知道的呢？因为他们有时会发现信天翁的胃里残留着大王酸浆鱿的喙。

顶级捕食者

科学家认为，大王酸浆鱿是南极海域的顶级捕食者，善于偷袭掠食。它不是疾速追逐猎物，而是隐藏起来，然后出其不意地攻击。它的触手上有很多锋利的钩爪，对猎物有致命的伤害。它最喜欢的食物是南极犬牙鱼、鲨鱼等鱼类和其他鱿鱼。

巨大的眼睛

与大王乌贼一样，大王酸浆鱿的眼睛比地球上其他所有动物的眼睛都要大。人们认为，这些超大的眼睛能更好地看清它们的宿敌抹香鲸。大王酸浆鱿是抹香鲸最喜欢的猎物，许多抹香鲸身上都留着伤疤，那是它们跟大王酸浆鱿搏斗时挂的彩。

大王酸浆鱿每只大眼睛上都有一个发光器官，叫作"内腔照明器"。科学家们不确定这些内腔照明器是用来做什么的。有一种说法是，大王酸浆鱿寻找猎物时，内腔照明器是一种巧妙的伪装。也许在黑暗中，两个内腔照明器就像两条小鱼。另一个说法是，每当猎物靠近时，它就可以利用这些光看清猎物是单个的还是成群结队的。

我要放大招了！

热液喷口

热液喷口

岩浆

地幔

海洋地壳

海底也叫海床，并不是一个安静得不能再安静的地方。事实上，随着时间的推移，会形成新的海底，同时这个地域也会伴随很多地质或海洋活动！海床也叫海洋地壳，是在海洋深处形成的。新的地壳从炽热的地球内部喷发出来，就像缓慢移动的传送带。在新地壳形成的区域，海底出现了一种裂口，称为热液喷口。这有点像水下火山。在这里，炽热的地幔，也就是位于地球熔融的外核和顶部薄薄的地壳之间的那一层，离地表会更近。热量从这些热液喷口逸出，致使周围的海水变得非常热。

热液喷口俗称"海底黑烟囱"，也被称为"深海热泉"。虽然周围的海水水温大约为1℃，但热液喷口附近的水温可以达到400℃以上！由于这里的巨大压力，这些超热的海水不会沸腾。这些喷口还会释放出各种千奇百怪的矿物和化学物质。这种海洋独特的化学变化带来了许多稀有物种生命的大爆发，比如巨型管虫、雪人蟹和杀手海绵！

热液喷口是一个非常特别的地方。这里的动物与地球上任何其他动物都不一样。在地球表面，植物和一些细菌利用阳光、水和二氧化碳为自己创造食物。这就是光合作用。阳光和光合作用是地球上几乎所有生命赖以生存的基础。

但在海洋深处，这些喷口附近没有阳光。这里的生物不再依赖从上面的区域落下来的食物，而是找到了另一种养活自己的方法。有些细菌能利用化学能制造食物，这叫作"化能合成"。这些非常特殊的细菌喜欢利用从热液喷口排放出来的化学物质，来为自己制造食物。生活在这些喷口附近的动物已经与这些细菌建立了密切的关系，许多动物的身上或体内都寄生着这些细菌！这里还有一些动物连嘴巴或内脏也没有，因为细菌为它们提供了所需的所有能量。如果没有这种良好的共生关系，在这种不利的环境中，任何生物就都无法生存。下面，我们一起来仔细观赏一下这些神奇的生物吧！

铠甲虾

你可能从未听说过铠甲虾，但在海底，它们有自己的地盘。目前已被确认的铠甲虾超过 900 种，它们的栖居地五花八门，从浅层珊瑚礁到大洋中脊的热液喷口。大洋中脊就是海底的火山山脉，新的海底在这里酝酿形成。人们在 5000 米深处发现了铠甲虾，而某些物种甚至适应了陆地生活，栖居在靠近海洋的洞穴里。铠甲虾物种的数量多得惊人，科学家每年都能发现几十种新铠甲虾！发现一种新物种后，就要启动正式的科学命名程序，科学家就会正式投入研究了，接下来就是如何为发现的新物种建立科普档案了。

睡一个安稳觉

铠甲虾不像寄生蟹那样背着外壳，所以到睡觉的时候，为了躲避天敌，它需要找到一个安全的地方。铠甲虾要么头朝外爬进裂缝，要么藏在岩石下，无论是谁，只要敢来骚扰，它就用锋利的爪子朝外狠命抓！

咔嚓！

筛选食物

铠甲虾有 10 条腿，最上面的一对腿末端的利爪最厉害。它们大多数是食腐动物，但也有一些捕食海洋中的小动物。铠甲虾用它强有力的爪子从海底铲起泥沙，然后在里面筛来筛去，直到找到需要的食物。想象一下，假如你也这样吃的话，那吃饱饭得等到猴年马月喽。

五彩斑斓的"虾兵"

哦？
没错！

干得漂亮！

铠甲虾形状不同，大小各异。有些铠甲虾又长又细又尖，像"长腿爸爸"蜘蛛；有些则又矮又胖，外骨骼特别厚实；甚至有的身上长满了刺、斑马条纹或鲜红的斑点。由于种种原因，比如保护自己、寻找食物或吸引伴侣，铠甲虾外表形象进化得千差万别。这些五彩斑斓的神奇生物可能看起来像龙虾，但它们实际上与寄生蟹有着亲缘关系。

细菌外套

深海铠甲虾生活在热液喷口附近，依靠细菌为自身提供能量：它体外覆盖着细线状的共生菌。它一生都必须待在离热泉不超过几米的地方，因为这些细菌喜欢舒适而又温暖的生存环境。

探险家档案

探索热液喷口

2011 年，科学家将遥控潜水器——一种机器人潜艇——派往深海 2.8 千米深处，探索生活在热液喷口附近的动物。科学家们选择了马达加斯加岛东南 2000 千米处一个叫作"龙奇"的热液喷口。探索了一个比足球场还小的区域。在喷口附近，生物物种多得不计其数，科学家根本不需要特意去探索大片区域，因为在这里，已经发现了世所罕见的特殊物种，比如霍夫蟹。在这次探险中，科学家们发现了 6 个新物种，包括几种奇怪的蜗牛和蠕虫，这些动物人类之前从未见过！

最佳拍档

"体外共生"是指一种生物寄生在另一种生物的体表，对宿主没有伤害的共生关系。蔓足类动物就是在其他生物体表生存的，有时还寄生在鲸鱼的皮肤上。你可能还见过鲫鱼，它会吸附在更大的鱼类（比如鲨鱼）体表"搭便车"。这些都是体外共生的海洋生物！

雪人蟹

雪人蟹实际上是一类铠甲虾。2005 年，在南太平洋复活节岛附近的一个热液喷口首次发现了雪人蟹。迄今为止，这种雪人蟹只发现了 5 种。雪人蟹的平均体长约为 15 厘米。

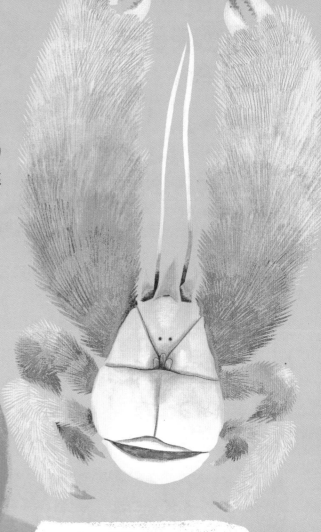

什么？我是个怪物？

雪人蟹是以神秘的雪人命名的，有些人认为雪人是出没在喜马拉雅山脉上的大型雪怪。就像传说中的雪人一样，雪人蟹身上长满了又长又细的毛发，而且爪子上也有很多毛。

细菌养殖者

你可能听说过奶牛养殖，但你听说过细菌养殖吗？雪人蟹能够养殖自己的食物：爪子上的细菌！雪人蟹爪子上的毛完全被一种特殊的细菌覆盖着。雪人蟹在热液喷口上方爪子一阵乱挥，便可获取细菌食物。不过，雪人蟹最好不要离喷口太近，因为它们可能会被活活烫死，那里的温度能高达 400℃！然后，一旦细菌生长繁殖，雪人蟹就会吃掉它们。呀！可是，雪人蟹能从这些微小的生物中获得它所需要的全部营养物吗，还是说，它还得再垫点食腐类动物才能填饱肚子？关于这个谜题，科学家还在研究中。

海绵

海绵是一种结构简单的生物，通常附着在海底。它们没有头，没有胃，也没有心脏。大多数海绵用内壁细小的鞭毛过滤大量的海水，来捕获水中的细菌和微小的生物为食。

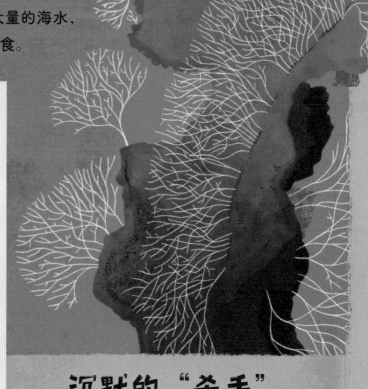

食肉海绵

食肉海绵生活在太平洋深处，曾在大约1200米深的热液喷口附近被发现。自20世纪90年代发现以来，迄今已有几十种食肉海绵的相关记载。有一种食肉海绵学名为 *Asbestopluma monticola*，高约19厘米。

救命！我被钩住了！

沉默的"杀手"

食肉海绵又叫"杀手"海绵，身上长满了微小的钩子，用来诱捕猎物，这些钩子细得像头发一样。哎哟！如果一个小甲壳动物不小心浮得太近，可能会被这些钩子钩住。但如果海绵没有胃，它怎么吃东西呢？通过细胞外消化，或体外消化！一旦猎物被捕获，许多小海绵细胞就会移动到猎物身上，开始慢慢蚕食、消化它。这些细胞需要8~10天的时间才能吃掉一只大型猎物。你以前吃一顿饭花过那么长的时间吗？

动物中的"钢铁侠"

鳞角腹足蜗牛

2001 年，在印度洋 3000 米深处发现了鳞角腹足蜗牛。据了解，这种动物只栖息在热液喷口周围的一小块区域，该区域大约有两个足球场那么大。

盔甲和美食的功臣

鳞角腹足蜗牛不能完全靠自己制造闪亮的盔甲，还需要细菌的帮助。这是因为盔甲里的铁化合物质有剧毒。这些化学物质来自热液喷口，鳞角腹足蜗牛需要专门的细菌来帮助它降低这些化学物质的毒性。作为回报，它的体表就借给了这些细菌生活。鳞角腹足蜗牛体内生活着不同的细菌，这些细菌都以自己的方式帮它制造食物。它的消化系统极其简单，因此它不像普通蜗牛那样吃东西，但它有一个巨大的腺体，细菌在那里享受着健康而又安全的生活。

深海采矿

热液喷口周围的海底富含各种金属矿物。一些公司经常在喷口附近开采昂贵的金属，如黄金和白银。这些金属可以用来制造对人类很重要的东西。在采矿过程中，人们使用大水桶或吸入管将大块的海底沉积物陆续带出地面。送到地表后，人们再将有价值的金属从泥土中分离出来。

深海采矿正在给深海生物带来深重的苦难，甚至会造成物种灭绝。据了解，鳞角腹足蜗牛只生活在广阔的印度洋热液喷口附近的 3 个小区域。其中两个区域目前正在采矿，这会极大地扰乱它们的栖居环境。由于人类过度的活动，这些蜗牛最近被列为濒危物种。

大心脏
动物

鳞角腹足蜗牛的心脏很大。事实上，整个动物王国中，按照心脏与身体大小的比例，就数它的心脏最大！因为深海缺氧，这颗大心脏有助于血液和氧气的循环。多么神奇的生存技巧啊！

蜗牛壳磁铁

鳞角腹足蜗牛盔甲中的铁是有磁性的，这种动物可以粘在你的冰箱上！

巨型管虫

为什么脸红？

巨型管虫用它的羽状鳃冠过滤富含化学物质的海水，但为什么羽状鳃冠是红色的呢？这是因为这里充满了血液，血红蛋白非常丰富。血红蛋白是一种可携带氧气的蛋白质，它与人类血液中的血红蛋白相同。通过血液流动循环，巨型管虫从海水中不断吸收各种各样重要的营养物质，输送到全身。

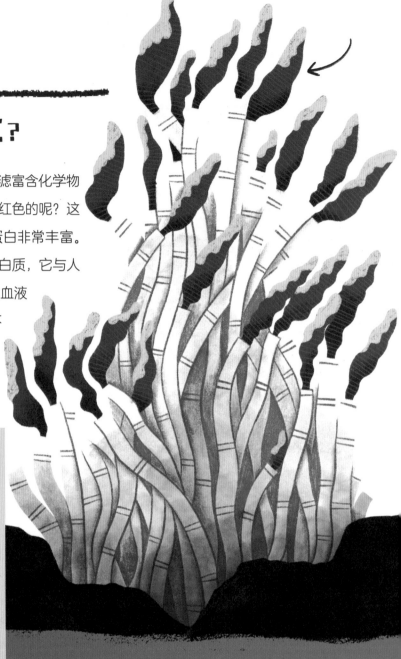

你知道吗？

那些能够承受极端高温的细菌，比如那些在热液喷口发现的细菌，称为嗜热菌，意思是这些细菌是"极端喜好过热的高温环境"。

离奇的进食方式

科学家首次发现，巨型管虫与他们所见过的任何深海蠕虫都不一样。首先，它没有肠道和口腔，那么它是怎样找到食物的？答案是：在巨型管虫体内一个叫作营养体的特殊器官中，生活着一群共生菌。共生菌产生能量和养分后，巨型管虫用美丽的深红色羽状鳃冠全部吸收。

探险家🔍档案

1977年，一群地质学家驾驶一艘深海潜水艇，潜到2400米深的加拉帕戈斯裂谷，首次探索热液喷口。加拉帕戈斯裂谷是一个正在形成新海洋地壳的地区，位于南美洲西部的太平洋中。地质学家们预计在旅途中发现的深海火山附近没有生命迹象。想象一下，当他们遇到在热液喷口附近生长的巨型管虫群落时，该有多震惊！这些深海管虫体长可达3米，每只超过0.5千克重。巨型管虫长长的白色身体末端形成了美丽的红色羽毛，在水流中一摇一摆，好像在打招呼问好。这些红色羽毛紧紧地簇拥在一起，像极了红玫瑰，人们便给这个热液喷口起了个优雅的称号：玫瑰花园。

通过口腔还是通过皮肤？

尽管成年巨型管虫没有嘴和消化系统，但它的幼虫有嘴和消化系统。过去，科学家认为，细菌进入幼虫的口腔，随着管虫的生长，嘴和内脏会慢慢消失，细菌就出不去了。但最近的研究表明，细菌是通过管虫皮肤进入的。

温馨的大家园

巨型管虫生活在非常密集的群体中，有时每平方米超过1000只。这些巨型管虫群体也为其他大量的物种提供了温馨家园。其中就有螃蟹和其他甲壳类动物，它们啃食巨型管虫的羽状鳃冠作口粮。幸运的是，如果天敌来跟前冒犯，巨型管虫就会将自己的羽状鳃冠收缩到白色的管状身体里。

你喜欢你的邻居吗？想象一下，如果他们住得很近，离你的脸仅有几毫米，会是怎样的情况！

热液喷口章鱼

火神蛸

科学家们发现，只有一种章鱼在热液喷口附近生活，那就是热液喷口章鱼。它是在东太平洋海隆 2600 米深处被发现的。东太平洋海隆位于南美洲西海岸外，是一个巨大的海底火山山系，新的海底正在这里形成。

以巨型管虫为家

热液喷口章鱼喜欢在热液喷口周围的巨型管虫群落中舒适地生活。当受到威胁时，这些章鱼就会在巨型管虫摇摆乱舞的羽状鳃冠中消失得无影无踪。

热液喷口章鱼的体长大约是 52 毫米，皮肤缺乏色素，是半透明的。

原来是这样走路的

和其他章鱼一样，热液喷口章鱼也有8条腕，但使用方式不同寻常——喜欢在底部爬行！先是前面4条腕缓慢地移动，然后再移动后面4条腕。也许这是为了摸黑时往前试探一下路？它也会用它的腕寻找猎物。想象一下，在黑暗中，一条充满吸盘的腕伸向你！不过，热液喷口章鱼并不都是慢性子，有人曾亲眼见过，它们受到惊吓时，就像火箭一样一溜烟儿逃离现场。

神秘的饮食

热液喷口章鱼用腕在黑暗中寻找猎物。除了使用触觉，它也会通过感知水压和气味的变化追踪猎物。人们对热液喷口章鱼的饮食习惯知之甚少，但曾有人看到它吃过螃蟹和其他甲壳类动物，如端足目动物。

怎样繁殖？

科学家们对热液喷口章鱼的繁殖方式知之甚少，但已经使用深海潜水艇观察了它们的交配行为。科学家们曾在探索东太平洋海隆时，记录到一只雄性热液喷口章鱼试图与另一只雄性交配……这可真是一个与众不同的物种！

热液伴溢蛤

热液伴溢蛤是在东太平洋海隆和加拉帕戈斯裂谷的热液喷口附近发现的。蛤是一种双壳类动物，它有两个壳，与牡蛎和贻贝有亲缘关系。

这么多血

热液伴溢蛤需要找到美味的化学物质，来喂养生活在其鳃中的细菌宠物。热液伴溢蛤通过把它的吸管（喂食管）伸到水中做到这一点。动物通过血液循环，可以在全身输送氧气和营养物质。热液伴溢蛤利用它的血液来运输化学物质，为生活在它鳃内的细菌提供食物。它的血管非常重要，几乎占了它体重的一半！

蛤蜊野餐会

热液伴溢蛤还是幼体的时候，就能够自由地游泳，但成年后它就把脚楔进裂缝里，待在海底不动窝了。它们也喜欢成群结队地聚集在一起，可以把这种场面叫作"蛤蜊野餐会"！

身体长达
24厘米！

啊哈哈……
真有意思！

不可思议的蛤蜊

热液伴溢蛤不同于其他任何普通蛤蜊。首先，它没有消化系统；其次，它的鳃是共生菌的栖息地。并且，它的组织充满了含有血红蛋白的红细胞，因此身体是红色的。在血红蛋白中，铁和氧结合在一起，使细胞变红色，这就是"红细胞"的由来。这些特征在热液喷口附近的生物中很常见。

通过壳纹获取信息

热液伴溢蛤的寿命可达 25 年。我们是怎么知道的呢？双壳类动物的壳每年都会长出粗细不一的生长纹，因此科学家只需要数一数生长纹就知道年龄了。就跟树木年轮的道理一样，科学家经常通过数年轮来确定它们的年龄。科学家们还可以利用它的壳来追溯这种蛤蜊过去的生存信息。热液伴溢蛤在生长过程中，会从周围的海洋中吸收矿物质。这些矿物质可以用来了解两种变化：一是热液喷口的温度随着蛤蜊存活的时间发生的变化，二是海洋中的化学成分的变化！

在热液伴溢蛤体内，共生的好友细菌不仅给它提供食物，还提供保护。一旦天敌来侵犯，甚至想撕咬它时，细菌就会释放硫化氢气体。这种气体闻起来像臭鸡蛋味儿。天敌闻到这种"体味儿"就会感觉很恶心！

哎哟，好恶心哦！

深渊带

深渊带是一个平静而怪异的地方，从 4000 米延伸到 6000 米深。这个地带安定太平，一切始终如一，在看似无穷无尽的海底，没有什么大的变化。想象一下：一个没有昼夜更替、没有季节变化的世界，会是什么样子？每一天都一样。这里的水温接近冰点，比上面的午夜带还要低。这里的水压大得惊人，几乎是你在海洋表面或陆地上感受到的压力的 600 倍。假如我们到了这么深的地方，来自四面八方的压力就会把我们挤扁！

　　很少有生物能在黑暗的深渊带中维持生存。生活在这里的动物体形可都极度不同寻常。比如说，许多生物没有眼睛——毕竟，这里什么都看不见，要眼睛还有什么用呢？再比如说，有些动物的身体没有颜色，是透明的，我们可以一眼看清它们的体内构造。在这里找食物比在上面更难。大多数动物都依赖于从表面落下的少量废物残渣，捕食者不人常见。就这样，生命在这种黑暗寒冷的环境中缓慢生长。在这个区域，你会发现体形异常巨大的生物以及世界上现存最古老的动物！

三脚架蜘蛛鱼和深海蜘蛛鱼

短头深海狗母鱼　　　　　　长头深海狗母鱼

短头深海狗母鱼和长头深海狗母鱼是近亲，属于生活环境最深的鱼类。它们能在超过 6000 米的深海中繁衍生息。

巧妙的平衡策略

太奇怪了！

短头深海狗母鱼又叫三脚架蜘蛛鱼，它的身体能达到高超的平衡，这是长期进化的结果。它用鳍作高跷，身体凌驾于海底栖息，一动不动。它的 3 只下鳍很长，就像个微型的三脚架，可以站得异常牢固。科学家认为，它能向鳍内注入额外的液体使鳍变硬，维持稳固的站位。它全身放松下来后，就能再次游走。人们曾看到三脚架蜘蛛鱼独自或成群地表演过"三足鼎立"的平衡技术。

但是为什么要有高跷呢？

为什么鱼会进化出这么长的像高跷一样的鳍，长得离海底这么高呢？答案在于洋流及其带来的影响。大量的动物会在洋流中顺势搭便车，比如甲壳类动物和其他鱼类。但在海底，洋流就没那么强了。三脚架蜘蛛鱼的鳍看起来摇摇晃晃很危险，但它支棱得越高，就越容易得到美味大餐！

越成长，越"深沉"

尽管成年深海蜘蛛鱼生活在黑暗寒冷的深海平原深处，但它们也许还记得曾经温暖的童年和阳光四溢的惬意时光。这是因为蜘蛛鱼的幼崽最开始在海洋最浅的水域生活。随着成长，它们不断地向深海迁移，最后到达黑暗而遥远的海底。

神奇的鳍

蜘蛛鱼前面的鳍称为胸鳍。它的胸鳍也很特别，充满了敏感的神经。这些鳍长在身体的前面，能够探测到水中最微小的变化。蜘蛛鱼用这些胸鳍找到微小的甲壳类动物后，会把它们引到自己嘴边。一旦有其他鱼类靠近威胁，这种神奇的胸鳍还会探测出这些鱼发出的颤动，提前预知天敌的偷袭！多么酷的超能力！

哇，这真是不可思议！

两全其美不是更好吗？

三脚架蜘蛛鱼是雄雌同体的。它能自己繁殖，也能与另一只三脚架蜘蛛鱼交配。"雄雌同体"这个词是用来描述同时拥有雄性和雌性生殖器官的物种。

尖牙鱼

角高体金眼鲷（diāo）

尖牙鱼是一种深海鱼，长着一副又大又长的尖牙。事实上，从牙齿与身体的比例看，它的牙齿是所有鱼类中最大的！尖牙鱼的牙齿太大了，永远合不拢嘴巴，而它头骨左右两侧各留出一个"插槽"，以便下牙在咬合时顺利插进。尖牙鱼的头很大，超过体长的三分之一。这种生物全身布满深色鳞片，头上还有突出的刺毛，长相一点都不讨喜！

深海暗杀者

尖牙鱼在世界各地都有发现，但只有两种为科学界所知。最大的尖牙鱼长约 16 厘米。尖牙鱼是金眼鲷目的一种鱼类，白天选择在黑暗的海洋最深处安全度过，晚上则会向上迁徙，寻找最喜欢的猎物，因为这些猎物也经常会从海底向上迁徙过夜。

从不挑食

这种鱼是如何在漆黑的深海中找吃的呢？大多数情况下，全凭碰运气！这种鱼耐心地等待着猎物自动送上门，然后用它巨大的牙齿一举拿下。成年尖牙鱼喜欢捕食其他鱼类和乌贼，而幼年尖牙鱼捕食甲壳类动物。它对猎物的大小也不挑剔，全盘接受。尖牙鱼猎食本领很有名，它能捕获体形为自己三分之一大的猎物。一旦猎物进入它的嘴里，稳妥得逃不掉了，尖牙鱼就会把它整个吞下。

味道好极啦！

海葵

有刺的深海花朵

海葵是一群无脊椎动物，是水母的近亲。它很懒，几乎一动不动地靠在海底。海葵上端是个扁圆的口盘，口盘边缘长满了一圈或多圈波浪状的圆锥形触手。当这些触手全部展开后，海葵看起来就像一朵海洋花，漂亮而又含蓄，但它的触手中生有刺细胞，就像水母的触手一样，用来麻醉和捕捉猎物。深海海葵可以长得非常大，直径大约可达 30 厘米。

非常奇怪的习惯

有一种深海海葵，喜欢在 5000 米深的海底生活。这种海葵是一种内肌海葵，与生活在较浅水域的亲缘物种不同。首先，这种软黏的生物会挖洞，而且不只会挖出躲避天敌的小洞。人们看到海葵很缓慢地下沉到泥泞的沉积物中，几个小时后又出乎意料地从其他地方冒出来！

为了深入了解这种非常奇怪的海葵，科学家们在西欧海岸外的波丘派恩深海平原上安装了一台定时摄像机，可以连续几个月拍摄照片，展示这些海葵是如何移动的。科学家认为，这种海葵养成了挖洞的习惯，以逃避天敌，并找到更好的觅食地点。尽管大多数深海海葵吃悬浮体动物（这意味着它们从水中过滤微小的食物），但科学家也拍摄到了这种海葵捕捉一种多毛目环节动物的照片。这种多毛目环节动物是海葵的 15 倍大，这得花整整一天的时间才能消化！

海葵是怎么捕食的？

有些海葵尽管身体柔软，基本上不怎么动弹，却能够捕捉快速移动的鱼！鱼一旦游到海葵附近，就会被海葵的触手困住，触手上的刺细胞会释放大量毒液，将鱼麻醉。然后，这条鱼在全身瘫痪的状态下，慢慢地进入海葵张开的嘴里，生命之旅就此结束。令人难以置信的是，人们发现，一只海葵还曾经吞噬过一只小海鸟！

柱头虫

柱头虫没有眼睛，没有脊梁，也没有大脑……然而，它与人类的关系可能比与花园蠕虫的关系更密切！世界上大约有 111 种柱头虫，其中最大的长达 1.5 米。

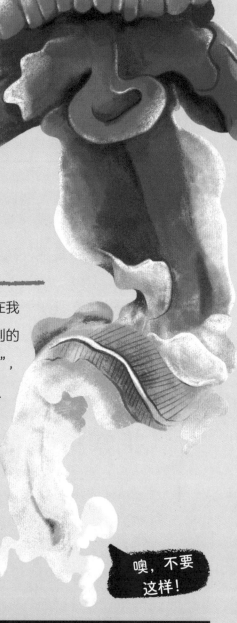

丰富多彩的柔软生物

过去，人们认为柱头虫更喜欢在浅水中栖息，但现在我们乘坐小型潜艇潜入深海后，知道了形状和颜色千差万别的深海柱头虫。柱头虫在脖颈上方有一个橡子形状的"鼻子"，下面则是一个长长的蠕虫状的身体。身体有黄色、橙色、棕色、白色、粉色的，也有紫色的。它们的"橡子鼻子"有结构简单的，也有花里胡哨的。它们还有满是褶皱的嘴唇！浅水水域的柱头虫住在 U 形洞穴里，探出头来觅食。深海柱头虫的身体非常柔软、脆弱，因此它们很难挖洞，大多数都趴在海底。不幸的是，一旦柱头虫被抓到水面上时，柔软的身体就变成一摊又软又稠的糊状物，这给科学家们的研究造成很大困难！

噢，不要这样！

不断发展进步的科学

科学是人类了解世界的方式。要探索动物的外表和行为，我们可以通过观察或实验。随着科学观察方法的改进和科学实验准确性的提高，科学家总是在不断完善我们的知识。重要的是要记住，科学知识确实会随着时间而发展进步、除旧更新、日益完善的。随着我们获得越来越多的信息，我们对知识的理解也在不断地完善。只要记住，活到老，学到老，世界上总会有新的奥秘等待我们去发现！

起来，起来，快点儿离开……
让黏液气球带我去远方！

柱头虫不会游泳，但科学家们已经观察到，它会漂浮在海底 20 米以上区域。为了做到这一点，柱头虫独辟蹊径，它会清空内脏中的沉淀物，使自己变轻，身体就像一个"黏液气球"。它一旦漂浮起来，就能顺着洋流把自己带到新的地方去寻找食物。

人类与柱头虫

一些科学家认为，我们人类和柱头虫的基因部分相同，如果真是这样，或许有一天我们能像柱头虫一样实现身体再生。那该有多酷啊！

粪便痕迹

柱头虫用嘴挖掘海底沉积物来食用。柱头虫的一些物种，比如来自夏威夷的一种亮紫色柱头虫，它那肉乎乎的嘴唇大得不可思议。这些大嘴有助于捕食海底浅层的美味的沉积物。柱头虫用长长的身体消化有机物质，并排泄粪便，身后会留下长长的、蜿蜒的粪便痕迹。

啊哈哈……真有意思！

深海钩虾

科学界已知的端足目动物大约有1万种。端足目动物是小型甲壳类动物，与螃蟹、对虾和龙虾有亲缘关系，通常不超过1厘米长。由于体形小，分布广，我们通常称之为海洋昆虫。因此，你可以想象，2011年，科学家从太平洋深处打捞到几只超大的端足目动物——深海钩虾（部分大约30厘米长！）时，该有多么惊喜。深海钩虾是有名的食腐动物，它以其他动物的腐烂尸体为食。

咬人的端足目动物

2017年，一个男孩在墨尔本布赖顿海滩游泳时，被一群端足目动物袭击了！他的伤口虽小，却不停地往外流血。人们认为，这是因为端足目动物就像水蛭一样，唾液中可能含有一种阻止血液凝结的物质。不过对爱好游泳的人士来说，还有个好消息，那就是维多利亚博物馆的科学家们检查了收集到的标本。他们说，这次袭击是端足目动物的异常行为，当时一个端足目动物群很可能正在集体猎食，男孩游泳时恰好从那里穿过。

哎哟，好痛呀！

信天翁噎着了

据记录，最大的深海钩虾身长超过34厘米。1983年，在夏威夷的一个热带岛屿上，一只信天翁吞下了比它个头还大的东西，有点噎着了，最后吃力地吐出了一只深海钩虾。那它是如何抓住这种巨大的甲壳类动物的呢？也许是某种深海生物死后，尸体浮出水面，信天翁就是从这个尸身上找到的吧！

好恶心哦！

神秘的甲壳类动物

1899年，科学家首次发现了深海钩虾。之后许多年里，再也没有发现过这些神秘的生物。为什么它们很少被发现呢？我们仍然不得而知。

海蜘蛛

巨吻海蛛

巨吻海蛛是一类海蜘蛛，身体瘦小，腿又长又尖。巨吻海蛛是最大的海蜘蛛，有 72 种。它可以长到 2 米宽，通常捕食栉（zhì）水母。

也许你会认为，你在深海中不会受到海蜘蛛的攻击，但是请不要武断，要三思！

弗兰纳里探秘志

会发光的河

有时，你可以在大城市附近看到令人惊叹的生物发光现象。有一天晚上，我来到澳大利亚中央海岸区的霍克斯伯里河岸边，当时电闪雷鸣，雷雨交加，可把我吓坏了。但是，雷雨一停下来之后，天空到处是黑压压的乌云，几乎看不到一点光亮。我开始驾着船出发，这时突然发现我脚下的整条河都亮了起来——这是小动物们自己在发光！我看见成群的鱼游了过去，水里的光照得特别透亮，甚至就连它们眼睛的反光都能看清。一个下沉式旧码头在水底的倒影，看起来就像一个被冲毁的水下城市！

这光好酷哦！

还是本身发光好

当深海一片漆黑，而你又迫切需要一盏灯时，会怎么做？当然是自己发光了！这就是"生物发光"。许多深海生物都能自己发光，包括巨吻海蛛、水母、鱼、蠕虫和海星。自己身体内发光对很多事都很有用，包括同伴交流、猎取食物、吸引配偶和防御天敌。

海猪

千万不要让这种浑身粉红斑点的动物愚弄了，海猪和陆地猪根本没有任何关系，它也不是江豚，而是一种海参。不过，其他海参没有腿，而海猪有腿，这也是它与众不同之处！

嗯！
太可爱了！

海洋"保姆"

美国加利福尼亚州的蒙特雷湾水族馆研究所向加利福尼亚湾发射了两个遥控潜水器，以观察海洋中一个非常平坦的区域，这里的生物物种并不繁多，生物也没有太多可隐藏的空间。然而在这里，他们发现了大量的帝王蟹宝宝挂在海猪的肚子上！

这些小螃蟹要么是在搭便车，要么是在躲避天敌。

脆弱的本性

与陆地猪相比，海猪体形是相当小的，最大只有 15 厘米长，可以放在你的手掌里。海猪真的很难被观察到，因为它的身体极其脆弱，可谓弱不禁风。如果它离开深海家园，它的身体就会散架，完全解体。

海猪总动员

海猪活动的时候都是一群一群的。这并不是因为它们在玩游戏或者是交朋友，而是因为一个地方只要有一只海猪，那里就一定有食物！无论什么地方，科学家们发现的海猪总是成群出现，每次300~600只不等。当海猪聚集在一起时，它们都面向同一个方向，或许它们是在充分利用洋流的流向，从而更顺利地获取食物。

流浪的造肥器

海猪遍布世界上的每一个海洋，它们迈开粗圆的腿，成群结队地在泥泞的海底奋力前行。海猪是食腐动物，四处游荡，只要碰到能吃的食物，比如下沉到深海的尸体，它们都会迅速风卷残云般吃得一干二净。海猪吃下海底的微生物泥时，这些泥会通过消化系统与多余的氧气一起排出体外。这样，海猪就像个流浪的造肥机器，一边吃喝，一边拉撒，一路穿过海底。

真恶心！

走"自己"的路

海猪有6~8条腿，都用来行走，这些腿实际上是粗壮的管足。有些海星、海胆和海蛇尾也有管足。管足里充满了液体，可以用来移动、进食、感知，甚至呼吸。根据需要，这些管足既可以充气，也可以放气！海猪头上的两个触角状突起的组织也是腿。海猪在海底行进时，这些"头足"可能是用来驱动前进的，甚至可以帮助海猪寻找美味的食物。

海蛇尾

海蛇尾与海星、海胆、海参和沙钱都是近亲。你也许对海星更熟悉，但海洋中的海蛇尾和海星的种类一样多，超过 2000 种！海蛇尾在全世界都有自己的家，大多数物种都生活在深海。海蛇尾的外形酷似海星，但它们有一个重要的区别，就是移动方式不同。

多途径育后代

海蛇尾通常将自己分裂成两半进行无性繁殖。然后，这两个半截身子会长成两个新的海蛇尾。真令人难以置信！海蛇尾也可以有性繁殖——大多都是雌雄异体。一些海蛇尾把它们的宝宝放在中央圆盘的一个安全的腔体里。这就是所谓的"孵卵"，它们长大后就可以爬出来了。但大多数海蛇尾将它们的卵子或精子送入海水中来繁殖后代。漂浮的卵子和精子结合起来生成微小的海蛇尾宝宝。

身体再生！

只要身体的中心部分完好无损，海蛇尾身体某个丢失或受损的部位就能很容易重新长好。哇！这就是所谓的再生呀！

你的腕好长啊！

迄今为止，人们发现的最大的海蛇尾有 5 只长腕，每只腕长 1 米，当它的腕伸开之后，直径就超过 2 米了！

最大的威胁

对海蛇尾来讲，最大的威胁是深海采矿和拖网捕鱼。深海采矿和拖网捕鱼扰乱了整个海底世界，让包括海蛇尾在内的所有动物的生活不得安宁。

探险家 档案

从深海发现的第一个动物

1818 年，极地探险家约翰·罗斯爵士在北极探险，寻找西北航道。他在挖掘海底的时候，无意间发现了一只海蛇尾——这是人类在深海中发现的第一个动物。这些长长的像蛇一样的腕被拉上船时，约翰·罗斯爵士无比震惊！当时，他还以为自己抓住了一只深海怪物！

"群星"荟萃

海蛇尾经常成群结队地聚集在一起，覆盖了数百平方米乃至数千平方米的海床。据了解，这些群体包含的个体数量超过 100 万！

没有肛门

海蛇尾没有肛门，所以它无法消化大量的沉积物来提取食物。不过，它们有各种各样的饮食习惯！有些是沉积物捕食者，在海底觅食。有些吃悬浮生物，它们用长长的腕捕捉漂浮在水面上的食物。一些物种还是深海捕食者，它们用嗅觉寻找猎物，捕捉小动物，如甲壳类动物，有时还猎食鱿鱼！

哇哦！

运动本领超强

海蛇尾的腕又长又细，可以驱动它的身躯在海底行走。海蛇尾比它的亲戚海星移动得快得多，而海星只能用管足迈小步。有些海蛇尾会游泳。海蛇尾用腕在水中划水，就像我们在游泳池里游泳一样！

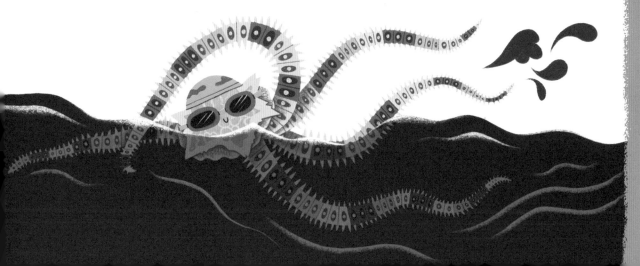

幽灵章鱼

我在海底看到的是鬼吗？不，这是一种全新的章鱼！这种难以捉摸的透明章鱼是科学家最近才发现的，都还没来得及取个学名呢！

捕食之谜

科学家们还不知道幽灵章鱼吃什么，但曾看到它们用腕穿透海底的裂缝和结核（指与周围沉积物成分不同的矿物质团块）。也许这些小家伙在寻找食物？

深海家谱

深海章鱼主要有两种。一种头部有游动的鳍，吸盘周围有突出的纤毛；另一种没有鳍，也没有纤毛。幽灵章鱼的头很光滑，像圆球，属于后者。

育儿标兵

幽灵章鱼长得极其怪异。更怪异的是，这些章鱼会在死去的海绵上产卵！深海的温度只有 1.5℃，都快接近冰点了。在这种条件下，卵需要数年才能孵化。在孵卵期间，成年幽灵章鱼从不离开卵半步，也不吃任何东西，一心一意保护自己的宝宝，时刻防范着天敌，并且小心翼翼地在它们身上吹水泡泡，为它们清洁，直到它们孵出。因为幽灵章鱼的模范育婴行为，科学家们又对另一种深海章鱼——北方太平洋谷蛸——进行了观察，它竟然用了四年半的时间来保护卵。多么令人敬佩的父母呀！

这么温馨！

嘘！

太平洋深处的 "幽灵"

2016 年，人类在近 4300 米的海洋深处首次看到这种幽灵章鱼。迄今为止，这是发现这种章鱼最深的地方。科学家们用的是一个远程操作的深海潜水器，当时，该潜水器正用于探索夏威夷群岛附近富含锰的海底世界。

透明的身体

章鱼是一种头足类动物。头足类动物还包括鱿鱼和乌贼。许多头足类动物体内都有色素细胞，因此它们体表遍布丰富而生动的颜色。幽灵章鱼缺乏这些色素细胞，所以它们的身体是透明的，就像幽灵一样。

深海采矿的威胁

锰是一种矿物质，在海底的某些区域会结成核状或块状。人类从海底世界开采的锰矿石可以用来制造金属、电池，甚至油漆。通常情况下，都会有海绵附着在这些结核上。人类社会对锰等金属的需求不断增加，导致人类过度开采深海锰结核。这些矿石和附着的海绵遭到破坏，直接威胁到了幽灵章鱼生活的温床。

深海珊瑚

你曾经有幸在热带岛屿附近的珊瑚礁上浮潜过吗？珊瑚虽然看起来像岩石，但实际上是由微小生物组成的。珊瑚大多生活在温暖的海水中，经常一起生长，在透光带中形成礁石。大多数珊瑚需要光线，因为它们与一种叫作虫黄藻的小生物处于共生关系。这些虫黄藻生活在珊瑚坚硬的骨架上，喜欢阳光，并利用光合作用产生能量。但在世界各地 2000 米及以下深处的寒冷、黑暗的水域中，在没有虫黄藻的情况下，也发现了珊瑚。这些深海珊瑚形成了蔚为壮观的奇景，巨大的扇形和柱形珊瑚林在海底高耸。

深海珊瑚万岁

深海珊瑚生长极其缓慢，有时一年只长几毫米。仅凭这一点，深海珊瑚就获得了"地球上最古老的海洋生物"奖！2009 年，科学家分析了夏威夷深海黑珊瑚，来确定它们的年龄。科学家利用碳测年法，发现了最古老的珊瑚已经有 4000 多岁！

透光带

海洋的顶层、阳光可以投射进入的水域地带，称为"透光带"。

舒适凉爽的家！

尽管没有虫黄藻，深海珊瑚依然成了许多生物借宿的家园。龙虾、鱼类和贝类都在珊瑚中躲避洋流和天敌。有些鱼类还把珊瑚当成产卵地或幼鱼的"托儿所"。

当心人为的破坏

深海拖网捕鱼和石油天然气勘探会对珊瑚造成巨大影响。珊瑚生活在海底，拖网捕鱼和采矿会破坏它们的家园。由于它们是生长缓慢的动物，受损的珊瑚需要数百年的时间才能再生。有些人收集深海珊瑚用作珠宝，这就直接威胁到了某些珊瑚种群的稳定。

气候变化与珊瑚成长

气候变化导致的气温上升对珊瑚来说是一个巨大的威胁。由于过多的二氧化碳被释放到空气中，地球气候正在变暖。空气中的二氧化碳进入海洋，在那里发生的化学反应将其中一些转化为酸，这种现象称为"海洋酸化"。珊瑚利用体内分泌出的一种叫作碳酸钙的物质，来建造自己的骨架。但海水中的酸会破坏碳酸钙，所以珊瑚的骨骼更难形成。而且，可不要忘了，珊瑚林这个大家园里还有很多其他动物呢！

鲸落与沉船

死鲸和沉船似乎称不上是最美味的食物，但你必须记住，在深海里，食物是很难弄到的。这里没有什么是可以浪费的。动物们各自都栖居在最奇特的栖息地，每位深海"住户"都以独特的方式茁壮成长；如果"食"机到来，就要牢牢抓住它。沉入海底的死鲸比你想象的要多——大约 300 万头——数量大约是沉船的 3 倍。鲸落和沉船为这里的动物提供了美味的自助餐，它们长途跋涉来到这片破败不堪的地方，把腐朽化作舌尖上的美味。

一头沉到海底的死鲸可以养活其他动物几十年，创造出自己的生态系统。"鲸鱼自助餐"分为几个阶段，每个阶段都欢迎不同"专业"的动物"游客"来品尝美餐。第一批游客是行动敏捷的鲨鱼、盲鳗和巨型等足类动物。这些动物毫不费力地把鲸鱼的尸体剥得只剩骨架。紧随其后的是一些小生物。微小的细菌、甲壳类动物和蠕虫在尸体周围的海底筛选，寻找一切美味的食物。一旦裸露的骨头暴露出来，令人毛骨悚然的食骨虫就会出现。尽管没有嘴和胃，它们还是能大吃特吃。大家可能想知道食骨虫究竟是一副怎样的吃相！最后，一旦食骨虫吃饱了，小海葵就会爬进去，附着在损坏的骨头上。

沉船那边的场景也让人大开眼界。沉船在深海中可以充当珊瑚礁，它们坚硬的结构为许多生物提供了安全的住宿或繁衍的家园。船只也可以为一些动物提供食物。在这一节，你将遇到一种奇怪的生物——船蛆，它的食谱简直难以想象，它已经进化到吃深海的木材！

鲸落和沉船构成了地球上最不寻常的生态系统，是许多奇怪而奇妙的深海生物的家园。

食骨虫

你可能在花园里见过蠕虫。它们对我们的生态系统非常重要，因为它们可以分解有机物，给我们的土壤增加养分。但海洋中是否存在类似的蠕虫呢？是的！2002 年，科学家发现了一种新的海洋生物——食骨蠕虫，俗称食骨虫，而且它没有骨头！这些奇妙的蠕虫首次在 3000 米深的鲸鱼尸体上被发现。它的属名 *Osedax* 在拉丁语中是"吃骨头"的意思。和陆地上的同类一样，这些蠕虫能很好地将垃圾回收再利用——它们将经年累月的鲸鱼骨头制成堆肥。食骨虫身体是管状的，末端长有奇特的羽状物，就像在水中舞动的鸵鸟的羽毛一样。这些羽状物实际上是鳃，帮它从周围吸收氧气。食骨虫与另一种栖息在热液喷口附近的奇怪蠕虫（见"巨型管虫"，第 74 页）是近亲。

（见"巨型管虫"，第 74 页）

互惠双赢

共生关系是两种不同物种之间的相互作用，它们以某种方式互相帮助，就像食骨虫和它们身上的细菌一样。

深海垃圾的回收者

食骨虫扮演着一个重要的角色——它们的食骨行为促使深海养分循环，这些养分进入邻近的深海生态系统，生活在那里的动物邻居们也就有了充足的食物！

以科学的名义！

如果你是一名食骨虫研究人员，你肯定不会坐等研究，你首先得遇到鲸鱼的尸体。因此，为了深入了解这些奇怪的蠕虫，科学家有时会让死鲸沉入海底，并带上相机，来观察这场吃骨头的盛宴。科学家通过这种方式发现了许多新物种。我研究过许多鲸鱼的骨头和骨架，这些鲸鱼的骨头和骨架要么是我在世界各地的冒险中发现的，要么是博物馆的收藏品。但我没有那么走运，在现实生活中从未看到过食骨虫！

哇！

R

你的身体好小啊！

你知道雄性食骨虫比雌虫多得多吗？这是因为雄性食骨虫是雌虫的小型化版本，它们成群地生活在较大的雌虫体内。某些食骨虫的雄虫体形是雌虫的 10 万分之一。假如人类也是这样的体形，这相当于一个男人可以装进半茶匙的水里！科学家已经发现，每一只雌虫，体内都生活着超过 100 只的雄虫。雄虫永远不会真正成熟。如果没有雌虫的庇护，它们将无法在广阔的世界中生存。

——不同寻常的吃法——

食骨虫钻入鲸鱼骨骼中，以其中的脂肪为食。但是食骨虫没有胃，也没有嘴——事实上，它们根本没有消化系统！那么它们怎么吃呢？答案是它们与细菌构成黄金搭档，互利共生。这些细菌负责所有的消化，为蠕虫宿主煮出骨头汤。更奇怪的是，这种有益的细菌生活在食骨虫的"根部"。这些根从食骨虫的底部长出来，以便它附着在下面的鲸鱼骨头上，并深入骨头进行消化。很神奇吧？我们现在明白了，为什么科学家们对发现这些迷人的蠕虫如此兴奋了。自 2002 年以来，科学家已经发现了 20 多个食骨虫物种。

船蛆

船蛆其实根本不是蠕虫，而是一种双壳类动物。它的壳由两部分组成，信不信由你，它与牡蛎和贻贝等动物有亲缘关系。船蛆体格庞大，可以达到180厘米长。但恐怕无论它怎么努力，也无法把全身都塞进它的壳！船蛆生活在世界各地的海洋中，在浅滩和深海中都有分布。

你知道吗？

我们人类也能靠微生物帮助消化，我们的肠道里生活着1000多种微生物！

靠"关系"吃饭

木头不是最美味的食物，也不容易消化。不出所料，船蛆要想从木头中获取营养，也需要别的物种帮一个小忙。它就是生活在船蛆鳃内的一种独特的细菌。这些小帮手能把木头分解，让船蛆好好享受大餐。

在世界各地活动

科学界已知的船蛆约有65种，其中许多船蛆的生活方式和繁殖方式都不相同。在海洋中，你如果遇到一艘沉船，很可能也会遇到一个密集的船蛆群落。船蛆吃木头的同时，也会把这些木头当作栖身之所。用不了多久，一艘沉船就会被船蛆吃个精光。船蛆繁殖迅速，能把它们的幼虫送到很远的地方，去寻找更多的浮木或沉木。这些小家伙在水里游来游去，希望能撞到"实在"的好运。它们通过寻找某种化学物质来确定是否找到了安身的木头。

这里不欢迎你

天哪！

船蛆绝对不是水手最好的朋友。因为船蛆对木质船体有特别的嗜好，所以它是一种破坏性害虫，很不受欢迎。事实上，这些破坏者表面不显山露水，每年暗地里搞破坏导致的财产损失却超过 10 亿美元。

呀！

意想不到的外壳

船蛆的壳就覆盖在它长长的身体靠近头的一端。但它不像许多其他双壳类动物那样用壳来保护自己，而是在进食过程中才用到。船蛆的外壳前端排列着细密的齿纹，能起到牙齿的作用，可以"咀嚼"木头，乃至在木头上挖洞。

探险家◯档案

历史上的船蛆海难

1503 年，意大利探险家哥伦布的几艘船遭到船蛆肆意毁坏。哥伦布和他的船员们坐着满是虫洞的船摇摇晃晃地颠簸着回到岸边——虫洞太多了，看起来就像一个巨大的蜂巢！早在几千年前，罗马人为了防止这种蠕虫，会在他们的船上涂上一层焦油

喜欢吃木头

船蛆最喜欢啃食一种东西，那就是木头。你觉得奇怪吗，树木生长在陆地上，海洋生物却以木头为食？船蛆不仅需要木头来当食物，还需要木头来完成它们的生命周期。那么这些木材是从哪里来的呢？沿海的树木遭到风暴袭击，可能会漂向大海，最终会被水浸透，沉入海底，被船蛆抓住。

沉船是这些虫子的最爱，但它们也很喜欢吃漂浮的椰子之类的东西。为什么这种生物进化到吃木头呢？唯一的答案是：因为它能做到！动物和植物只要有机会，就会努力去创造出属于自己的新生活，而船蛆的创新意识则让其他物种无地自容。

大王具足虫

你在外面玩耍时，掀翻了一块石头或一根圆木，是不是发现下面有一大堆圆滚滚的虫子？这些虫子实际上是一种等足类动物。它们在深海有一个大表亲——大王具足虫，分布在大西洋、太平洋和印度洋。大王具足虫体长可达76厘米，生活在2500多米深的水中，大多是食腐动物。它们在黑暗、寒冷的海底迈着小碎步快跑，耐心等待着美味的螃蟹和虫子从上面掉下来，偶尔也会遇到一头死鲸——这是它们梦寐以求的大餐！人们曾在鲸鱼尸体上见过大王具足虫，它们聚在一起，正在狼吞虎咽地享受美餐。

蜷成球以自保

每当感觉到危险时，大王具足虫会把自己蜷成一团来保护自己。

吃得满满当当

大王具足虫可以在没有食物的情况下存活很长时间。吃东西时，它们经常狼吞虎咽。毕竟，这么大的鲸鱼尸体可不是三两天就能遇到一次的！有人发现，一些大王具足虫吃得太多，以至于吃完饭后都无法移动了！

巨卵

等足类动物通过产卵繁殖。雌性有一个育儿袋，一次能储存多达30个卵。它会一直守候着，直到这些宝宝孵出。科学家们认为，这种卵是所有海洋无脊椎动物中最大的卵之一，可达1.3厘米长。

为了更好地探路

大王具足虫长着特大号的眼睛，这有助于它们在深海中看得更清楚。它们还进化出了长触角，几乎有身体的一半大小，这样在寻找食物时，才能准确地探路。

捕蝇草海葵

捕蝇草海葵是一种深海海葵，科学家发现它们时，这些小家伙正附着在墨西哥湾的沉船上。在大西洋北部和东部也发现了这个物种。这只美丽的海葵把自己固定在海底或沉船上，身体和触手在水中摆动。它的身体看起来很像一种吃昆虫的食肉植物——捕蝇草！就像捕蝇草闭合自己贝壳似的嘴巴，这只海葵闭合它的两排触手，将猎物困在里面。科学家们曾发现，捕蝇草海葵生长在最奇怪的沉船物品上：缠在一把旧枪上，甚至附在一个古老的夜壶上！

噼啪！噼啪！

盲鳗

什么东西有 4 个心脏、2 个大脑，没有下巴和脊骨，舌头上有 4 排牙齿呢？是盲鳗！盲鳗的身体又长又滑，实在是太奇怪了。它们的体长从 4 厘米到 127 厘米长短不等，盲鳗栖息在世界各地的海域，从太平洋和大西洋到墨西哥湾和地中海，都有发现。

耐饥饿的超能力

盲鳗的新陈代谢极其缓慢，几乎可以 7 个月不吃任何东西。

不用嘴吃

盲鳗可以钻进腐烂的尸体里，通过皮肤和鳃吸收营养。

极其特殊的物种

盲鳗有 76 种，纵观历史，科学家们一直弄不清它在进化树上的位置。动物可以分为两大类，脊椎动物和无脊椎动物。

脊椎动物体内有脊椎和骨架，例如人类、狗、鲸鱼和鱼。无脊椎动物没有脊椎，有时甚至没有坚硬的部分，比如蠕虫或水母。（有些无脊椎动物的身体外面有骨骼，比如甲虫和螃蟹；有的用壳来保护自己，比如蜗牛和牡蛎。）

盲鳗是脊椎动物吗，可它没有脊椎；还是说它自己应该单独列入一个类别，介于无脊椎动物和脊椎动物之间？随着科学家们进一步的研究，人们越来越清楚地认识到，这种奇怪的生物很可能是一种特殊的原始脊椎动物。原始生物是指具有生活在很久以前的祖先的身体特征的生命。

黏液，黏液，被黏液淹没了

盲鳗在受到威胁时能产生大量黏液，这也是它成名的绝杀技。这种黏液非常柔软，一旦释放，一茶匙体积的黏液会膨胀 10000 倍，足以装满一个大桶！有鱼类天敌胆敢靠近，盲鳗就会释放黏液，堵住它们的鳃，使其窒息而死。这种黏液喷出的范围非常广，即使是盲鳗自身也会被它噎住。如果它真的被自己的黏液呛着了，它可以打喷嚏，把黏液从鼻孔里喷出来。为了避免黏液喷到脸上，它有时会把管状的身体打个结，作为屏障。

最黏人的意外事故

2017 年，一辆运送数千只活盲鳗的卡车在美国的一条高速公路上出车祸了。巨大的震动让里面的盲鳗受到极度惊吓，于是它们在路上释放了大量的黏液，几辆倒霉的汽车完全被黏液淹没。黏液到处都是！想象一下，你从一层黏液裹挟的车里逃出来，会是什么样子。

哎哟！

盲鳗化石

在 3 亿年的漫长岁月里，这种生物并没有发生大的变化。唯一已知的盲鳗化石与现代的盲鳗非常相似。

世界盲鳗日

每年 10 月的第三个星期三，是世界盲鳗日。到时候，千万不要被它们丑陋的外表吓到，一定要发现它们的内在美。关爱所有动物吧，尤其是丑陋的动物！

我能感觉到你的存在

盲鳗，顾名思义，它几乎是看不见东西的。试想一下：当你有了特殊的触手，能感知万物时，谁还要眼睛呢？这些触手环绕在盲鳗的嘴巴周围，用来感知猎物并捕食。盲鳗还利用它的嗅觉寻找尸体或捕食活着的蠕虫。一旦它找到了自己的食物——有时是死鲸——它就会下潜，用强有力的舌齿（舌上有锋利的角质牙齿）撕咬大块的肉。

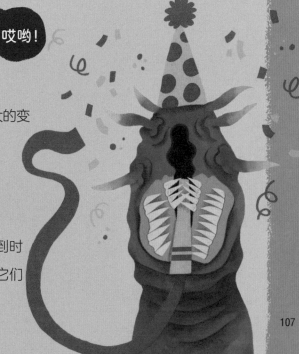

食鲸尸的海葵

皮尔斯海葵

2002 年，人们发现了一种海葵，它生活在加利福尼亚州蒙特雷湾附近 3000 米深处，粘在鲸鱼尸骨上，太出人意料了！它根据学名可译为皮尔斯海葵。这种小海葵又矮又壮，长着细短的触手，几乎像一颗臼齿！由于在全球海洋中没有发现类似的生物，人们认为这里可能是它的首选栖息地。

还有很多东西有待发现！

兔银鲛

兔银鲛的头大大的、四四方方的，身体是纺锤形的，尾巴像老鼠一样。它有两只大眼睛，身长可达 60 厘米。

兔银鲛与鲨鱼是近亲，它的骨骼由柔软而有弹性的软骨组成，就像我们的鼻子一样。它喜欢生活在靠近海底的地方，沿着海底缓慢游动，寻找蠕虫和蛤蜊吃。它还会吃掉其他同类！然而，如果它碰巧遇到了沉没的鲸鱼尸体，它就无法抗拒腐肉的美味。兔银鲛利用嗅觉和电信号来寻找食物。它的头部长着灵敏的电接收器，电接收器是一种神奇的超感官。动物移动时会发出电信号，有些动物可以通过身体上的特殊传感器检

太棒了!

测到这些信号。电接收器主要存在于水生动物身上，因为电在水中比在空气中更容易传播。电接收器不仅可以用来寻找猎物，还可以用来躲避天敌，甚至寻找配偶。

对鲸落生态系统的威胁

由于过度捕鲸，鲸鱼的数量大量减少，深海中鲸鱼尸体也日益稀少，可能已经导致了一些以鲸鱼尸骨为食的生物的灭绝。

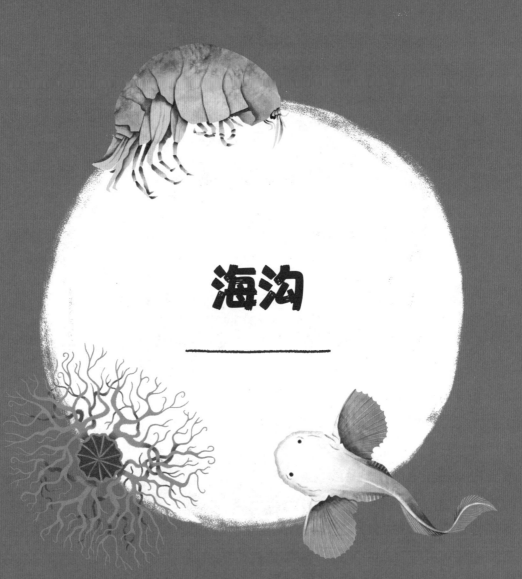

海沟

海沟是世界上保持着最原始状态的生态系统，人类开发得最少。这是因为它们太难以到达了，这里的水压之大几乎是任何动物从未经历过的。海沟也叫作超深渊带，这个区域涵盖了海洋的最深处——从6000米到惊人的11034米。也许这样解释，你会更好地了解它有多深：地球上最高的摩天大楼只有800多米，而世界最高峰珠穆朗玛峰也就约8848米高！

海沟又长又窄。在这里，最古老、最寒冷的海床被回收到地下。就像新的海底在热液喷口处诞生一样，最后它在海洋的海沟中消亡。

这里的压力如此之大，以至于科学家们很难访问这里。科学家们可以把网放得很远很远，在遥远的海底捕捉生物。但生活在这样深处的生物通常是非常脆弱的软体动物，比如海参和水母，它们很难完好无损地到达海洋表面。当这些动物被拖到海面时，它们往往已经面目全非了。在这里研究生命困难很大，只能从单个物种的标本中了解这个区域的某些动物。关于海沟里的动物生活，还有很多秘密等待我们去发现。

在过去的几十年里，人类已经能够派出小型潜水器拍摄深海生物的视频。这使得科学家们能够发现奇怪而奇妙的新物种，并观察动物的行为。这些潜水器可以是机器人，比如遥控潜水器，有的潜水器探险家也可以乘载。无论有多么可怕，这些探险家总会充满极大的热忱，义无反顾地去未知的领域探险调查。想象一下，你看到了一种世界上其他人都不知道的深海生物时，会是什么样的心情。这些深海探险者里就有著名电影导演詹姆斯·卡梅伦，他制作了《泰坦尼克号》和《终结者》等电影大片。另一位探险家是维克托·韦斯科沃，他是一名美国商人，至今还保持着人类到访海洋最深点的纪录！

钝口拟狮子鱼

钝口拟狮子鱼闻名全球：它是迄今为止被人类抓到并带回做研究的世界上最深处的鱼！它生活在 8000 多米深的海底，长相很奇怪。深海区许多鱼类常见的鳞片和巨齿都消失了。相反，这种鱼有一个光滑的、果冻一样的身体。它的骨架很软，头骨部分是开放的；这两种进化的体征都完美适应了深海巨大的水压。

巨压下仍然活跃

在 2008 年之前，还没有在自然环境中发现过钝口拟狮子鱼，科学家们只有干瘪的标本可供研究。当他们发现一条活的钝口拟狮子鱼时，它非常活跃，在深海摄像机周围觅食和游动。科学家们对此感到非常惊讶——由于在那个深度的水压巨大，大家原认为这种鱼游得一定会非常缓慢，也一定很孤独。如今，科学家们仍在研究这个谜题：钝口拟狮子鱼在这样巨大的压力下是如何保持这么活跃的。

深海下面有什么好吃的？

科学家们从深海收集了一些钝口拟狮子鱼，仔细观察了它们胃里的东西，发现它们并没有挨饿。它们的肚子里塞满了微小的甲壳类动物！这些小甲壳动物都像通心粉一样卷起来，就像你在花园里可以找到的那种动物。

真尴尬！

钝口拟狮子鱼的皮肤是半透明的，你可以透过它的皮肤看到它的器官！

世界上几条著名的海沟

海沟	位置	深度（米）
马里亚纳海沟 （世界上最深的海沟！）	西太平洋，关岛附近	11034
汤加海沟	西南太平洋，汤加群岛以东	10882
菲律宾海沟	西太平洋，菲律宾岛以东	10540
伊豆 – 小笠原群岛海沟	西太平洋，日本群岛南部	9780
波多黎各海沟 （大西洋最深的海沟！）	大西洋和加勒比海的边界，靠近波多黎各岛	9219
南桑威奇海沟	南大西洋，靠近南桑威奇群岛	8428
秘鲁 – 智利海沟	东太平洋，沿南美洲海岸	8065

生活在极端的压力下

除了漆黑和寒冷的温度，海沟里的生活充满了压力。想象一下，你头顶着一座埃菲尔铁塔——这就相当于深海海沟里的生物承受的压力！如果你在这么深的地方，你会被压扁。

深海海参

海参是一类多样化的生物群体，已知的有 1250 个物种。其中许多生活在深海。事实上，在深海到处都能看见它们的踪影！这些柔软的、像植物一样的生物也常见于超深渊带。

站住，不然我就开射了！

海参还有一种有趣的防御技巧。当它受到威胁时，它可以吐出黏线来包围天敌。这些线可以膨大到 20 倍，一旦被缠住，那麻烦可就大了。如果它真的受到威胁，滑溜溜的海参甚至能把它的内脏从屁股里射出来！当危险过去后，它可以再很快地长出新的内部器官。

通过肛门呼吸

海参不随大流，进化到通过肛门呼吸。它的"肺"从臀部伸展！一些海参的屁股也特别宽敞——其他鱼类都想抢着进来，在这里定居呢。没有哪个物种想要一条鱼在自己屁股底下安家，所以有些种类的海参的肛门进化出了"牙齿"，来阻止这些"不速之客"，这里不欢迎它们！

深海舞者

大多数海参享受着安静的生活，沿着泥泞的海底缓慢地爬行，摄入大量的沉积物。但很长一段时间以来，科学家怀疑一些深海海参是深藏不露的特技游泳者。有这样一种身体的部分特征适合游泳的海参，于 1894 年首次被拖上一艘船。但直到 2017 年，相机才捕捉到了这些优秀的"体操员"中的其中一个。这段视频令人难以置信。这是一种浮游海参，它长得特别修长，全身发紫，它的末端像一个精致的伞，华丽无比。有了这个伞，它就能有节奏地跳动，就像水母一样。

软糖松鼠（长尾蝶参）

软糖松鼠是一种深海海参，得名于它那厚厚的、像尾巴一样直立的附属物——看起来就像松鼠一样。这种生物可以长到 80 厘米长，用它巨大的嘴唇进食。它的"尾巴"可以当作一种帆，帮助它在海底弹跳。

神女底鼬鳚

神女底鼬鳚长着突出的吻部和微小的眼睛，它是一种鼬鱼。1970 年，人们在波多黎各海沟 8370 米深的地方发现了这个物种。

安全繁殖

人们对神女底鼬鳚知之甚少，但科学家们认为它的繁殖方式与其他鼬鱼相似。这种动物将卵释放到一大堆胶状物中，然后让这个胶状的大包裹漂浮在水中。

再见！

在万米海底滤食为生

据记录，布氏前毛轮海参生活在 10687 米深的海底，这是迄今为止发现的最深的棘皮动物！马里亚纳海沟里的海参不是沿着海底爬行吞食沉积物，而是专门过滤捕食。（滤食是指动物过滤大量的水，寻找漂浮在水中的微小生物为食。）它们的嘴周围长着特殊的管足，它们把管足伸到水流中，以满足一天的进食需求。管足中充满了体液，可以用来移动、进食、感知，甚至呼吸。

迄今为止，发现的神女底鼬鳚最大个体大约有 16 厘米长。

短脚双眼钩虾

大多数甲壳类动物不能在海面 4500 米以下的深度活动。除了极端的压力外，水下逐渐增大的酸度，必然会使它们的身体溶解。只有一种端足目动物能在如此深处生存，那就是短脚双眼钩虾。在世界上许多海沟 1 万米深处都发现过这种动物，包括在马里亚纳海沟、菲律宾海沟、伊豆－小笠原海沟和日本海沟。

小标本

有些短脚双眼钩虾非常小——从挑战者深渊收集到的短脚双眼钩虾只有 3 厘米长。

自制 "铝盔甲"

我们见过深海钩虾（见第 88 页），但却没有见过披挂铝质盔甲的短脚双眼钩虾！它是在挑战者深渊的底部被发现的。铝在深海中不易被发现，但海底沉积物富含铝元素。短脚双眼钩虾吞下这些沉积物，就能在体内提取出铝元素，这样才能制造出它那身坚不可摧的盔甲。为了在世界上最恶劣的栖息地生存下来，生物们付出的努力真的让人佩服得五体投地！

适应得很不错

适应是指一个物种改变其外表或行为来适应自身的环境。短脚双眼钩虾就做到了这一点。想象一下，如果你能吃掉地上的金属碎片，然后身上能变出一套完整的盔甲来！

好酷哦！

蔓蛇尾

乍一看，蔓蛇尾长得杂乱无章，大量的腕有旋转的，也有簇拥聚集在一起的。它的腕可达1米长，向四周大范围延伸，上面附有锋利的钩子，用来捕捉猎物。一旦猎物被抓，蔓蛇尾就会用腕小心翼翼地把它放进洞穴般的大嘴里。蔓蛇尾实际上是一种蛇尾纲动物，只不过腕长得超多，又特别花哨。

请不要再糟蹋最后的净土了，好吗？

虽然，科学家几乎还没有完整地探索过整个深海，但这不等于深海无人问津。从致命毒素到整艘船，人类一直在用各种东西破坏着深海环境。在战争或和平时期，船只都可能沉入大海。许多人带着他们的货物和污染性燃料，一起沉没在海洋之中。更糟糕的是，直到1972年，人们依然习惯了在海上倾倒废弃的武器（包括化学武器）。仅英国这一个国家，就在海上倾倒了13.7万吨废弃的化学武器，其中一些化学武器至今仍然残留在海底。

请不要向大海里扔塑料垃圾！

塑料碎片严重威胁着深海生物的多样性，塑料通常能在6000多米的海底泥土中被发现。污染物是能危害环境的化学物质，污染物的来源有许多不同途径，塑料只是其中之一。人类活动产生的污染物也可以在最深的海沟中收集到。科学家们对马里亚纳海沟的端足目动物进行了检测，发现它们体内的污染物含量是生活在中国污染最严重河流中的类似动物的50多倍。你如果保持回收垃圾或将其扔进垃圾桶的好习惯，就等于拯救了这些奇妙而独特的深海生命。永远不要把垃圾扔在地上，因为你永远不知道它们会落在哪里。很可能会被冲到很远很远的海里，最后到达海洋最深处！

深海水怪

100多年前，科学家首次发现了一种罕见的蔓蛇尾，称为"筐蛇尾"。它的外号是"女妖的头"，因为它的外形让人联想到希腊神话中一个蛇发女怪——戈耳工，她的头发可全是活生生的蛇，而不是毛发！

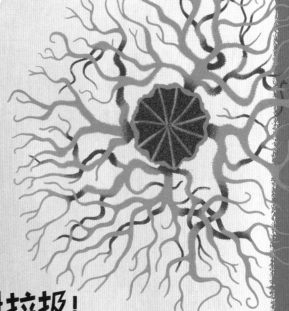

词汇表

濒危物种

当一种生物现存的数量很少，它的物种面临灭绝和完全消失的危险时，这种生物就被视为濒危物种。

哺乳动物

哺乳动物是一类物种非常繁多的动物。有地上走的、水里游的、天上飞的，它们的饮食丰富多样，从食肉动物到食草动物，但它们都有许多共同的特征，比如它们都有头发或皮毛，都是恒温的，繁殖后代的方式都是胎生哺乳的。

沉积物

海洋沉积物是水流中的岩石、土壤微粒和生物碎屑在海底沉淀形成的。

电接收器

一种动物通过电接收器，可以接收另一种运动着的动物的电信号。它主要存在于水生动物中，因为电在水中比在空气中更容易传播。动物可以利用电接收器来寻找猎物、躲避天敌及寻找配偶。

二氧化碳

二氧化碳是由一个碳原子和两个氧原子组成的化合物。它是一种温室气体，能将太阳的热量聚集在地球附近，而不是让其散发到太空。过多的二氧化碳会导致地球过热，气候就会随之发生变化，许多植物和动物都会受到负面影响。

浮游生物

浮游生物是在海洋和其他水体中漂流的小型生

物，有植物也有动物。浮游生物是许多动物的重要食物来源，某些类型的浮游生物有助于将氧气释放到大气中。

共生

共生是两种不同的生物之间的相互关系，它们生活在彼此附近，甚至有的生物生活在对方体表或体内，这对双方都有利。

管足

管足是从棘皮动物身上伸出的充满体液的管子。它们可以用于移动、进食、感知，甚至呼吸。

海山

海山是水下山脉。海山通常由火山喷发形成。

红细胞

脊椎动物和个别无脊椎动物血液中一种含有血红蛋白的血细胞，能够输送氧气。人类血液中的血细胞还有起到免疫作用的白细胞和有助于伤口愈合的血小板。

化石

化石是保存在岩石中的史前动物、植物等生物的遗骸。

寄生物种

寄生物种是一种以另一物种的有机体为家，依靠它来获取食物、栖居，并得到其他一切生活需求的生物。寄生物种赖以生存的有机体称为"宿主"。

基因

基因是有遗传效应的 DNA 片段，它们使世界上每一种生物独一无二。它们一般存在于生物细胞内，并由父母遗传给后代。在人类中，父母双方可遗传的基因组合可以通过控制眼睛或头发颜色等因素来决定孩子的外表。

脊椎动物

脊椎动物是指有脊椎骨的动物。

甲壳类动物

甲壳类动物是一种无脊椎动物，种类很多，形状和习性千奇百怪。所有甲壳类动物都有触角和坚硬的外骨骼，包括虾、螃蟹、龙虾、小龙虾和磷虾等动物。所有甲壳类动物最初都来自海洋，但有些（如鼠妇）已经适应了陆地生活。

进化

进化是人类、植物或动物等生物逐渐改变自身习性和特征，以使它们更好地适应环境的过程。经过漫长的时间后，环境会发生变化，生物需要找到新的生活场所，因此动植物会进化，以更好地适应新环境。

两栖动物

两栖动物是生活在潮湿环境中的小型脊椎动物。两栖动物包括青蛙和蝾螈等。

猎物

一种被另一种动物猎杀作为食物的动物。

磷虾

磷虾是小型浮游甲壳类动物。它们通常吃生长在海洋表面附近的微小浮游植物，磷虾是数百种不同动物的主要食物来源，包括鱼类、鲸鱼和鸟类。

滤食性动物

滤食性动物是一种水生动物，通常通过自身独特的过滤系统过滤大量海水，以找到足够的食物。有些鲨鱼是滤食性动物。

马里亚纳海沟

马里亚纳海沟位于西太平洋，是地球上已知的海底最深点。它最深处约为 11034 米。

迁徙

迁徙是动物从一个地方到另一个地方的迁移。动物每年大约在同一时间迁移，不同的物种出于不同的原因。迁徙通常是由于动物需要前往食物更丰富的地方，或可以找到配偶和繁殖的地方。

生物多样性

生物多样性是指在某个特定栖息地（如一个海域）中植物和动物生命物种的多样化。生物多样性水平越高，生态系统的稳定性就越强。例如，丰富多样的动植物物种可以形成更加复杂的食物链，确保生物有足够的食物吃。

生物发光

生物发光是生物体能够产生光。这种光是由动物体内的化学反应产生的，生物发光在不同方面都发挥着重要的作用：吓跑捕食者，寻找食物或配偶等。

生态系统

生态系统是一个平衡的生态环境，其中的所有生物（植物、动物和其他生物）和非生物（如岩石和温度）在一定时间内，通过能量流动、物质循环和信息传递，相互之间达到高度适应、协调和统一的状态。

食腐动物

食腐动物吃其他已经死亡的动物，而不是自己猎取的食物。

水肺

水肺是一种自给式水下机器人呼吸设备。水肺潜水员使用它，以便在水下呼吸。

天敌

在对动物进行科学研究的动物学中，"天敌"一词通常指的是以猎杀其他动物为食的动物。寄生物种也是一种天敌。天敌对生态系统平衡至关重要。

外骨骼

外骨骼是某些动物体表的一种坚硬的外壳状覆盖物，起到支撑和保护身体的作用。所有昆虫和甲壳动物都有外骨骼。

无脊椎动物

无脊椎动物缺乏脊骨，它们要么有黏滑的海绵状身体（如水母和蠕虫），要么有外骨骼（如昆虫和螃蟹）。

污染

污染是有害物被引入或进入我们的环境。污染的三大主要类型是水污染、空气污染和土地污染。水污染的一个例子是海洋中的微塑料。

物种

植物或动物物种的学名由属名和种名组成。物种是一组具有共同特征、能够共同繁殖的相似生物。

细菌

细菌是微小的单细胞生物。在许多不同的地方：土壤、空气和水中，以及植物和动物（包括人类）表皮和体内，都能发现它们。有些细菌对我们有益，而有些是有害的。

新陈代谢

新陈代谢是指生物体内发生的化学反应，以使其存活。生物有许多不同的代谢反应，但主要涉及释放能量或使用能量。例如，动物的新陈代谢会消化它所吃的食物，并将这些食物转化为能量释放出来。

洋流

洋流是海洋中沿着一定方向有规律且相对稳定流动的海水。一些洋流沿着水面水平流动，而另一些穿过海洋深处垂直流动。洋流受风、地球自转、温度、盐度差异和月球引力的影响。

有机体

有机体是动物、植物或单细胞生物生命存在形式。

蒂姆·弗兰纳里

《纽约时报》畅销书作家、哺乳动物学家、古生物学家、探险家。他穷尽一生周游世界，研究不同种类的动物。他经历了一些不可思议的冒险——包括挖掘恐龙骨头，沿着鳄鱼、巨蟒出没的河流漂流！他发现了 75 种全新的动物。他以澳大利亚和世界各地的博物馆和大学为家，甚至曾经在美国自然历史博物馆过夜。2007 年，他被评为澳大利亚年度人物。他曾获新南威尔士皇家动物学学会颁发的怀特利图书奖、澳大利亚文学研究基金会普里斯特利奖、科琳国际文学奖以及兰南基金会颁发的兰南文学终身成就奖等奖项。他写作的儿童读物也颇受欢迎，曾获得 2020 年度澳大利亚儿童文学环境奖并登上各类排行榜第一名，版权也售至北美、荷兰、韩国、俄罗斯、中国、日本和捷克等国家与地区。

山姆·考德威尔

插画家与设计师。2020 年度澳大利亚儿童文学环境奖得主。在英国北部长大，喜欢写故事、创造人物，对童书创作有着内在的热情，对绘制世界上最奇怪且迷人的生物插画有特殊天分。插画家本·沙恩、卡森·埃利斯和莉齐·斯图尔特是山姆灵感的源泉。《帕西爷爷有办法》《快乐的邮递员》是他的最爱。他在爱丁堡艺术学院学习绘画，喜欢用油墨和水彩的纹理呈现艺术故事。他的插画作品常出现在《卫报》《独立报》《悉尼先驱晨报》等上。

图书在版编目（CIP）数据

神秘的深海动物 /（澳）蒂姆·弗兰纳里 (Tim Flannery) 著；（英）山姆·考德威尔
(Sam Caldwell) 绘；鲁军虎译 . -- 北京：光明日报出
版社 , 2024.4
（当心我厉害的样子）
书名原文：Explore Your World: Deep Dive into
Deep Sea
ISBN 978-7-5194-7906-0

Ⅰ . ①神… Ⅱ . ①蒂… ②山… ③鲁… Ⅲ . ①深海生
物—水生动物—儿童读物 Ⅳ . ① Q958.885.3-49

中国国家版本馆 CIP 数据核字 (2024) 第 071818 号

Original Title - Explore Your World: Deep Dive into Deep Sea
Text copyright © 2020 Tim Flannery
Illustrations copyright © 2020 Sam Caldwell
Design copyright © 2020 Hardie Grant Children's Publishing
First published in Australia by Hardie Grant Children's Publishing

北京市版权局著作权合同登记：图字 01-2024-0107

神秘的深海动物
SHENMI DE SHENHAI DONGWU

著　　者：〔澳〕蒂姆·弗兰纳里（Tim Flannery）
绘　　者：〔英〕山姆·考德威尔（Sam Caldwell）
译　　者：鲁军虎

责任编辑：徐　蔚	责任校对：孙　展
特约编辑：滑胜亮	责任印制：曹　净
封面设计：万　聪	

出版发行：光明日报出版社
地　　址：北京市西城区永安路 106 号，100050
电　　话：010-63169890（咨询），010-63131930（邮购）
传　　真：010-63131930
网　　址：http://book.gmw.cn
E - mail：gmrbcbs@gmw.cn
法律顾问：北京市兰台律师事务所龚柳方律师
印　　刷：河北朗祥印刷有限公司
装　　订：河北朗祥印刷有限公司
本书如有破损、缺页、装订错误，请与本社联系调换，电话：010-63131930

开　　本：190mm×254mm		印　　张：7.75
字　　数：122 千字		
版　　次：2024 年 4 月第 1 版		
印　　次：2024 年 4 月第 1 次印刷		
书　　号：978-7-5194-7906-0		
定　　价：68.00 元